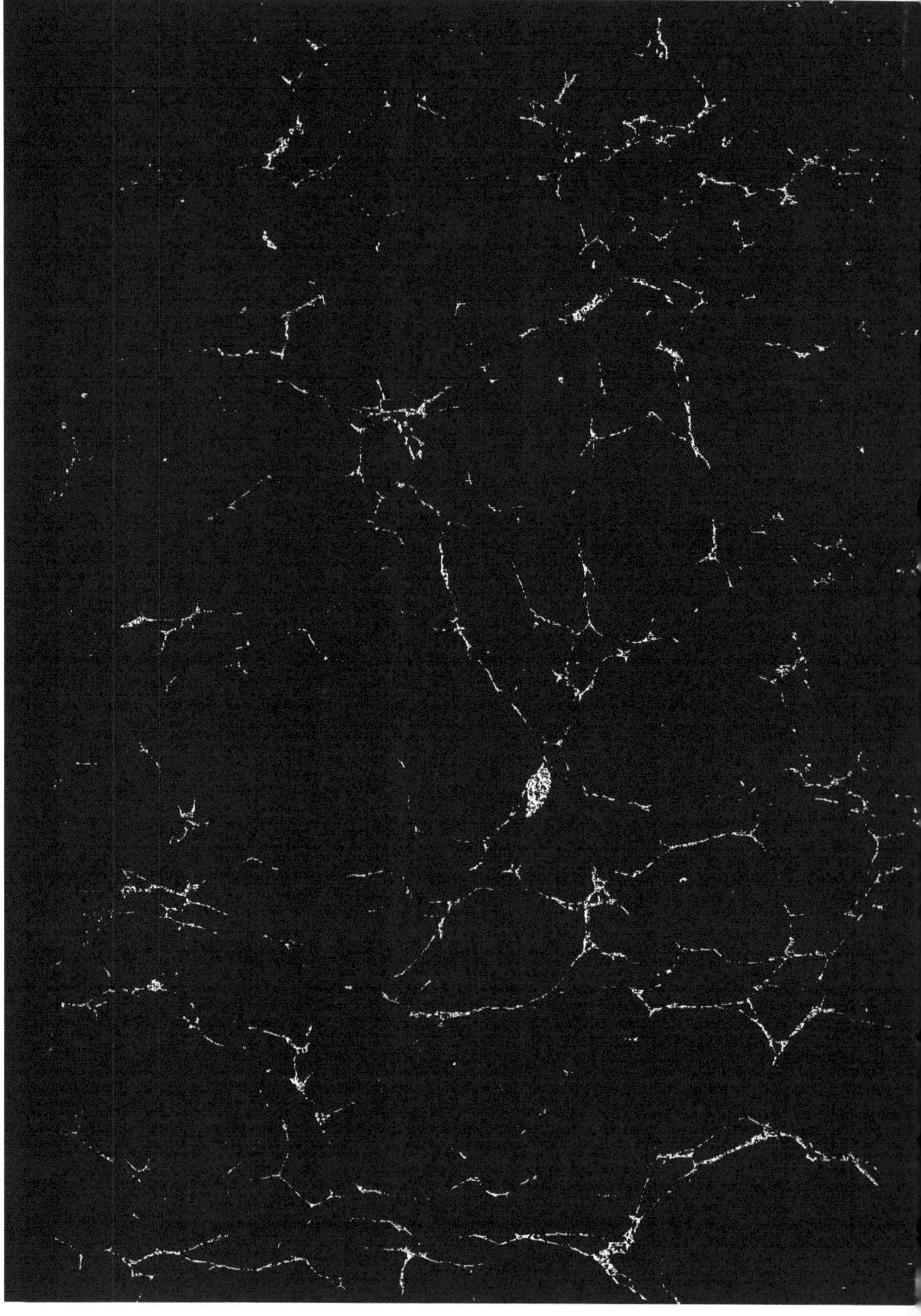

MÉMOIRE

SUR LES

FUSÉES DE GUERRE

PRÉSENTÉ EN 1857

A

S. A. I. LE GRAND-DUC CONSTANTIN
GRAND-AMIRAL

ET

S. A. I. LE GRAND-DUC MICHEL
GRAND-MAITRE DE L'ARTILLERIE

PAR

le Général-Major d'artillerie KONSTANTINOFF
Commandant-directeur de l'établissement des fusées de guerre
EN RUSSIE.

« Les inventions trop au-dessus de leurs époques restent inutiles, jusques au moment où le niveau des connaissances générales est parvenu à les atteindre. »

NAPOLÉON III. — *Études sur le passé et l'avenir de l'artillerie.*

PARIS
TYPOGRAPHIE ET LITHOGRAPHIE LACOUR
18, RUE SOUFFLOT, 18

—

1858

Occupé depuis longues années de la fabrication des fusées de guerre, je me suis appliqué avec une égale persévérance au perfectionnement de leur construction et à l'extension de leur emploi aux besoins de la guerre. Je suis heureux aujourd'hui de pouvoir publier des faits qui, je le crois, aideront à éclairer la question par les renseignements qui en résultent et par l'examen qu'ils provoqueront, je l'espère. Ces faits ont été l'objet d'un Mémoire dont Sa Majesté l'empereur Alexandre II a daigné autoriser la publication en français, ainsi que M. le chef d'état-major de son Altesse Impériale, monseigneur le Grand-Duc Michel, grand-maître de l'artillerie, m'en a informé par l'ordre dont je donne ci-après le texte.

Quelques erreurs de chiffres de nature à altérer, soit en faveur, soit au détriment des fusées, certains résultats et les appréciations qui en étaient la conséquence, s'étant glissées dans la rédaction primitive, j'ai profité avec empressement de l'occasion qui s'est offerte à moi de les rectifier dans cette traduction, du reste, textuelle de mon mémoire. J'ai cru devoir aussi compléter mon travail par quelques données que j'ai puisées dans le *Journal du Comité d'artillerie russe* (années 1857 et 1858), et par des développements nouveaux destinés à combler des lacunes, et principalement à écarter toute interprétation tendant à faire supposer chez moi la pensée d'attribuer aux fusées une supériorité absolue sur l'artillerie ordinaire. Ce que j'ai cherché à établir, c'est que les fusées sont une arme indispensable, même à leur degré actuel de perfectionnement pour suppléer à l'artillerie dans de certaines circonstances et pour en compléter les effets en d'autres.

Paris, 3 (15) mai 1858.

ÉTAT-MAJOR
DE
SON ALTESSE IMPÉRIALE
LE GRAND-MAITRE
de l'Artillerie

Section 4e

Saint-Pétersbourg
Le 24 mars 1858
N° 4210

Autorisation pour imprimer la traduction d'un manuscrit sur les Fusées de Guerre.

A Monsieur de Konstantinoff, Général-Major d'artillerie, Chevalier de plusieurs ordres, etc.

M. le Ministre de la guerre, par office du 20 mars, n° 2737, m'informe que Sa Majesté l'Empereur, sur la proposition de Son Altesse Impériale Monseigneur le Grand-Maître de l'Artillerie, a daigné autoriser Votre Excellence à publier la traduction française de votre notice manuscrite sur les Fusées de guerre.

J'ai l'honneur de vous informer de cette décision souveraine, en réponse à votre rapport du 28 février (12 mars), n° 32.

Le Chef d'État-Major, Aide de camp général,
signé : Barantzoff.

Le Chef de section, Lieutenant,
signé : Belaïeff

Pour traduction conforme :

Le premier Secrétaire d'ambassade,
signé : Grote.

Paris, 30 avril 1858.

MÉMOIRE

SUR LES

FUSÉES DE GUERRE

« Les inventions trop au-dessus de leurs époques restent inutiles, jusques au moment où le niveau des connaissances générales est parvenu à les atteindre. »

NAPOLÉON III. — *Etudes sur le passé et l'avenir de l'artillerie.*

Le cinquième numéro du *Journal de l'Artillerie* (année 1856), publié en Russie par le Comité d'artillerie, renferme un article très remarquable du général major Krijanowsky, de l'armée russe, ayant pour titre : « *Visite au camp des alliés sur les hauteurs de Féduchine.* »

Dans cet article, l'auteur présente, avec un savoir exceptionnel, des observations sur l'artillerie française et sur plusieurs parties de l'organisation et du matériel de l'artillerie russe. Il développe en outre quelques considérations sur les effets des fusées tirées contre Sébastopol, et expose ses convictions sur les fusées à la Congrève de toute espèce, convictions basées, dit-il, sur des résultats qu'il a personnellement constatés pendant la dernière guerre et au Caucase.

A notre avis les fusées de guerre constituent une arme d'une importance toute spéciale, tant pour les troupes de terre que pour la marine; toutefois leur introduction et leur usage sont encore peu développés en Russie, et dépendent, dans une certaine mesure, des opinions plus ou moins favorables dont elles peuvent être l'objet. Celle de M. le général-major Krijanowsky pouvant être reconnue, en raison des connaissances de cet officier général et de sa participation à la dernière guerre, comme d'un poids incontestable, nous la citerons ici textuellement en y ajoutant les faits qui nous sont connus et qui doivent être pris en considération, il nous semble, pour apprécier exactement le jugement porté par le général Krijanowsky; mais reproduisons d'abord ses paroles :

« A nos questions concernant les fusées à la Congrève de « grande portée, le général *** et tous les officiers de « son état-major nous répondaient constamment par des « sourires, et ils avouèrent ensuite qu'ils se servirent de « fusées pendant le siége de Sébastopol, uniquement parce « qu'elles étaient envoyées en très grand nombre de France « et qu'il fallait bien les utiliser, mais que dans cette occa- « sion *le jeu n'en valait pas la chandelle*. Dans nos conver- « sations avec les officiers français nous apprîmes, à notre « grand étonnement, que la plupart des fusées, qui étaient « tombées pendant si longtemps sur le côté du nord, étaient « destinées au Fort du Nord. Autant qu'il m'en souvient, « ces fusées tombaient partout, excepté sur le Fort du « Nord, et pendant les quelques mois d'établissement du « quartier général au côté du nord, sur un très grand « nombre de fusées tirées presque journellement par les « alliés, une seule contusionna un officier et deux commis « d'administration du quartier-maître général de l'armée; « une autre tua une femme qui se rendait au côté du sud;

« enfin deux ou trois soldats furent aussi blessés. Effective-
« ment *le jeu n'en valait pas la chandelle.*

« A la suite de leur occupation du côté du sud, c'est-à-dire
« après le 27 août (8 septembre), les alliés se servirent des
« fusées avec plus de succès. Renonçant à atteindre des objets
« éloignés et de petites dimensions, ils les dirigèrent surtout
« contre les dépôts de vivres, occupant un grand espace sur
« le côté nord, et ils réussirent à incendier quelques-uns
« d'entre eux. Comme avec des bombes à grande portée on
« aurait pu obtenir le même résultat avec moins de dépenses,
« il en ressort que les alliés, en général, n'ont pas su em-
« ployer leurs fusées. Ils en exigeaient, en tirant à grande
« distance, une justesse que l'on ne peut attendre que des
« bombes, et cela à des distances quatre fois moindres ; ensuite,
« n'ayant pas atteint un but impossible, irrités, pour ainsi
« dire, contre les fusées elles-mêmes, ils les brûlaient sans
« ménagement là où on aurait pu agir avec plus d'efficacité
« par l'emploi des bombes. De tout ce que j'ai vu dans le cou-
« rant de la dernière guerre et au Caucase, j'en suis venu, à
« l'égard des fusées de guerre de toute espèce, à la convic-
« tion suivante : Les fusées de campagne peuvent être em-
« ployées avec avantage contre des masses indisciplinées
« et peut-être dans la guerre de montagne ; mais non pas
« en bataille rangée, dans les rencontres contre des trou-
« pes européennes. En conséquence, on ne saurait avoir avec
« profit, dans une armée européenne, plus de deux batteries
« de fusées, organisées en batteries à cheval, pas autrement,
« et surtout avec d'autres bâts que ceux qu'on a introduits
« chez nous. Ces batteries peuvent être données aux déta-
« chements de partisans et convenablement utilisées dans les
« montagnes.

« Les fusées de rempart à longue portée doivent être exclu-
« sivement incendiaires, et s'employer uniquement quand,

« par suite de l'éloignement, il est impossible de faire « usage des canons connus jusqu'à ce jour; en outre l'on ne « doit s'en servir que contre les objets de la plus grande « dimension.

« En s'assujettissant à ces conditions, il peut se rencontrer « des occasions où les fusées à la Congrève procurent des « avantages incontestables. Un exemple s'en est présenté dans « la dernière guerre de Crimée. La ville d'Eupatoria fut « occupée durant un an et demi par les alliés et par de nom- « breuses bandes de Tartares. Les maisons, peu spacieuses, « étaient encombrées d'Européens, et les Tartares bivoua- « quaient dans les rues; enfin toutes les cours étaient con- « stamment remplies de fourrage; mais à l'aide de retranche- « ments avancés, les alliés nous tenaient à une grande « distance de la ville, de façon qu'il était impossible d'espé- « rer, sans risquer un engagement sérieux et des pertes « considérables, pouvoir incendier par le feu de l'artillerie « ce qu'il eût été cependant si essentiel et si facile de brûler. « Ce n'est qu'avec des fusées à la Congrève, à longue portée, « qu'on aurait pu y réussir; mais alors il n'y en avait pas « dans l'armée de Crimée. »

De notre côté, à la défense de Sébastopol, les fusées de guerre n'ont été employées que dans des limites très restreintes. En mai 1854, le prince Menschikoff demanda qu'on envoyât des fusées à Sébastopol, dans la supposition qu'elles pourraient servir à armer les batteries de la côte au cas où l'artillerie manquerait.

Pour répondre à cette demande on expédia alors de Saint-Pétersbourg en Crimée, par le roulage accéléré, six cents fusées de deux pouces préparées pour le Caucase. Ces fusées ne répondaient pas au but que se proposait le prince Menschikoff, de suppléer en partie à l'artillerie de côte; néanmoins elles furent envoyées, d'abord parce qu'il n'y en avait pas d'autres prêtes, et ensuite dans la pensée que peut-être les circonstances donneraient occasion d'en tirer parti.

En même temps on fit partir le lieutenant d'artillerie à cheval de la garde, Scherbatchoff, avec un sous-officier et quatre artilleurs préalablement familiarisés avec les effets et l'emploi de ces fusées. Pour le tir on établit huit chevalets garnis de tubes directeurs, de sept pieds de long, afin d'augmenter autant que possible la justesse du tir. De plus, ces chevalets furent munis d'augets de tir court, d'après le système autrichien, pour s'en servir au lieu des tubes longs, en cas qu'il fallût alléger les chevalets afin d'en faciliter le transport et l'usage en campagne.

Le lieutenant Scherbatchoff, au lieu d'arriver en Crimée le 11 (23) août, comme il l'aurait dû, en tenant compte de la vitesse du roulage accéléré, y parvint seulement le 1er (13) septembre, par suite de retards dus à la société de roulage, alors chargée par entreprise de tous les transports de l'artillerie. Le lieutenant Scherbatchoff étant arrivé à Sébastopol le jour même du débarquement des alliés, quand le quartier général russe était transporté de Sébastopol dans le village Mamaschai, les fusées furent déposées, sans avoir été reçues, sous un hangar appartenant à l'artillerie de la garnison de Sébastopol. Après un mois, le lieutenant Scherbatchoff me fit savoir qu'aussitôt son arrivée à Sébastopol il avait été mis par le prince Menschikoff à la disposition du chef de l'artillerie des troupes mobilisées, et il resta près de celui-ci jusqu'au 1er (13) octobre, où il rentra à Sébastopol. A cette époque on lui confia, d'après son rapport, le commandement d'une batterie de fuséens formée de matelots, pour utiliser les fusées dans la défense de la ville. Cette batterie était composée de façon à desservir cinq chevalets. Le personnel, ainsi que les fusées et les chevalets, se transportaient sur chariots, afin, en cas de besoin, d'être rendus en toute célérité au lieu désigné. Mais bientôt le lieutenant Scherbatchoff, ayant été contusionné en visitant nos batteries, quitta Sébastopol pour cause de maladie; l'établissement de fusées n'a pas eu d'autres renseignements sur les fusées envoyées à Sébastopol (1).

En ce qui concerne les effets des fusées contre Sébastopol, le vice-amiral Nachimoff adressait au prince Menschikoff un rapport en date du 16 (28) février 1855 (n° 8), dans lequel il disait :

« Dans ces derniers jours, après le coucher du soleil, « quand il s'établit à Sébastopol une tranquillité parfaite « dans l'air, l'ennemi nous a lancé des tranchées ouvertes « derrière le bastion Korniloff, des fusées à la Congrève ; hier « il en a lancé jusqu'à soixante, partant à ce qu'il paraît de « trois chevalets ainsi pointés : l'un vers le quatrième et le « cinquième bastion, l'autre vers le port de Catherine, et le « troisième contre les vaisseaux placés en position à travers « la rade. Une des dernières fusées tombant sur le vaisseau « *Le Grand-Duc Constantin*, traversa une des planches du « pont du gaillard d'arrière, près du panneau du grand mât, « brisa le panneau de la batterie supérieure et alla se ficher « dans le pont de la seconde batterie ; la fusée s'étant du « reste éteinte en tombant sur le bâtiment, ne fit pas grand « mal. Une des fusées dirigées contre le port de Catherine, « dit encore l'amiral, a glissé le long de l'étrave de la frégate « à vapeur *Odessa*, amarrée en cet endroit, et de là elle est « tombée à l'eau. En faisant, à ce sujet, mon rapport à Votre « Altesse, j'ai l'honneur d'ajouter que les fusées tirées par

(1) Voir la note n° 1 à la suite du Mémoire.

« l'ennemi sont surtout à explosion, avec composition incen- « diaire d'une grande activité; elles ont une portée qui va jus- « qu'à quatre verstes. » Ce rapport se complète par le journal des opérations militaires en Crimée, du 14 (26) au 17 (29) février; on y voit que de toutes les fusées tirées le 15 (27) février, c'est-à-dire, celles dont parle l'amiral Nachimoff, dans son rapport, une seule, après avoir parcouru cinq verstes, est tombée sur le côté du nord, entre le port et la batterie n° 4, et a pénétré en terre à la profondeur de 3 1/2 pieds.

Quelques-uns des résultats produits par les fusées à projectiles explosifs sont indiqués en ces termes dans le rapport adressé le 16 (28) janvier 1855, par le prince Menschikoff à l'Empereur : « Les fusées n'ont pas fait éprouver « de grands dommages; mais à en juger par les entonnoirs « de leur explosion, elles doivent être d'une grandeur con- « sidérable. » Nous rapporterons encore, au sujet des effets des fusées contre Sébastopol, les paroles d'un témoin oculaire qui, paraît-il, n'ont pas été contestées par le général Krijanowsky lui-même. En effet, comme chef d'état-major de l'artillerie de l'armée du Midi et des troupes de Crimée, il présenta au chef d'état-major de l'inspecteur de toute l'artillerie, avec un rapport en date du 2 (14) avril 1855, n° 987, une note du conseiller de collége Konstantinoff, concernant la disposition des brûlots. Le conseiller de collége Konstantinoff, alors attaché au chef d'état-major de l'armée du Midi et des troupes de terre et de mer en Crimée, se trouvait, ainsi qu'on le voit dans sa note, au côté du nord de Sébastopol, ce qui le mettait, évidemment, dans la situation la plus favorable pour suivre les effets des fusées ennemies.

Dans cette note, du 2 (14) avril 1855, il dit, entre autres choses : « Les fusées tirées par l'ennemi contre Sébastopol « présentent une force d'effet étonnante; lancées d'une dis-

« tance de cinq verstes, elles tombent chaque fois presque « au même endroit, près du but désiré. » Cette note a été communiquée par ordre du chef de l'état-major de l'inspecteur de toute l'artillerie, au comité d'artillerie, afin qu'il appréciât la proposition qu'elle contenait relativement à la construction de brûlots munis de fusées (1).

Les indications fournies plus haut donnent une idée ap-

---

(1) Complétons ces données sur le tir des fusées françaises à longue portée, par quelques indications publiées par la presse française sur leurs effets au polygone. *La Sentinelle Toulonnaise*, dans son numéro du 4 juillet 1854, disait que le samedi, 1er juillet 1854, on avait procédé auprès du fort Saint-Louis, en présence de nombreux spectateurs, à l'essai des fusées que fabriquait alors l'École de pyrotechnie de la marine pour les escadres de la mer Noire; ces fusées étaient du calibre de 95 millimètres et portaient un obus de 12 livres. Leur portée dépassait, d'après la *Sentinelle*, tout ce que les recherches faites dans ces trente dernières années, soit à Toulon, soit ailleurs, pour perfectionner ce projectile, étaient parvenues à obtenir. Jusqu'alors, dit la *Sentinelle Toulonnaise*, les portées n'avaient pas excédé 3,300 mètres, tandis qu'aux expériences du 1er juillet, elles ont atteint de 4,000 à 4,300 mètres, soit, une lieue. L'Ecole de pyrotechnie de Metz, de l'artillerie de terre, ne voulant probablement pas le céder à sa rivale de la marine, fit, de son côté, des expériences dont le *Courrier de la Moselle*, du 1er août 1854, rendit compte. Il annonçait que des fusées de 9 centimètres, de la longueur de 1 mètre 10 centimètres, y compris le chapiteau incendiaire, tirées du polygone de Metz, étaient tombées au-delà des villages de Malroi et de Roupigny, ce qui donne une portée de plus de 5,600 mètres. Quant à la justesse de ce tir, les déviations latérales extrêmes étaient distantes entre elles de 150 mètres, ce qui porte à 75 mètres en maximum la déviation par rapport à la direction moyenne du tir. L'auteur de l'article ajoute qu'il eut la curiosité de visiter les points de chute de ces fusées, et qu'il trouva l'une d'elles enfoncée en terre à 1, 6 mètre.

proximative de la force de pénétration et de la justesse de tir des fusées tirées contre Sébastopol. Comme terme de comparaison de la force de choc des fusées et de celle des projectiles d'artillerie, on peut citer les nombres du tableau de la pénétration des bombes, lancées au moyen de mortiers, sans avoir égard à l'effet d'explosion, insérés dans le Traité d'artillerie de Piobert, page 269. Par ce tableau, on voit que dans des terrains tassés, en admettant la plus grande vitesse que les bombes puissent acquérir dans leur chute dans l'air, la pénétration pour une bombe de 22 centimètres (du poids de 1 poud 13 livres), est seulement de 1,97 pied ; pour une bombe de 27 centimètres (du poids de 2 pouds 29 livres), 2,79 pieds, et enfin pour une bombe de 32 centimètres (du poids de 4 pouds 15 livres), 2,95 pieds. Ces chiffres sont cités dans le *Manuel de l'artillerie russe*, page 643 , et dans l'*Aide-Mémoire de l'artillerie française*, édition de 1856, page 631. Dans ces deux ouvrages, le tableau dont ces chiffres sont extraits est reproduit en entier, sauf la différence d'unités de mesures pour exprimer la pénétration. Ils y sont indiqués comme limite de la pénétration aux plus grandes vitesses de chute, indépendamment de la portée et de l'angle d'élévation. Dans le *Manuel russe*, il est dit, à la suite du tableau, que le faible poids spécifique des bombes et les limites restreintes des vitesses qu'elles ne peuvent dépasser dans leur chute dans l'air sont les causes de leur peu de pénétration; mais, en revanche, leur grande masse produit des ébranlements considérables et de fortes dégradations aux objets sur lesquels elles tombent.

En comparant les pénétrations des bombes indiquées dans le tableau cité plus haut à celle des fusées, il est évident que la pénétration de ces dernières , dans le terrain, l'emporte sur celle des plus grosses bombes habituellement en usage. Néanmoins, la force du choc des fusées est inférieure à celle des bombes, à cause d'une moindre masse et de bien moins de solidité. Aussi les fusées le cèdent-elles aux bombes pour enfoncer des voûtes, mais celles à explosion l'emportent sur les bombes quand il s'agit de produire des effets de fougasses dans le terrain comme pour disperser la terre dont on recouvre les voûtes et les blindages pour les rendre à l'épreuve de la bombe. Malgré une force de choc moindre que celle des bombes, la pénétration des grandes fusées est plus que suffisante pour pénétrer dans les bordages des navires et pour traverser les toitures, les plafonds et les planchers des maisons particulières.

Dans ce parallèle entre la pénétration des bombes et celle des fusées, il ne s'est agi que des bombes habituellement en usage dans l'artillerie française, analogues à celles dont on se sert dans toute autre artillerie. Les bombes monstres ou les bombes de calibre habituel, mais d'un poids supérieur, à cause d'une plus grande épaisseur dans les parois, tirées de mortiers à longues portées, qu'on a tout le droit d'appeler monstrueux, à cause de leur poids considérable, donnent des pénétrations supérieures à celle des fusées. Ainsi, au siége de la citadelle d'Anvers, les bombes tirées du mortier monstre du calibre de 22 pouces, pesant environ 30 1/2 pouds, à une portée de 450 sagènes, entraient en terre au-delà de 7 pieds; résultat, du reste, qui donne une preuve incontestable de l'opinion émise dans l'*Aide-Mémoire français*, édition de 1856, page 632, que les effets des grandes bombes ne sont pas en rapport avec leur poids.

Dans ces derniers temps, le comité d'artillerie russe fit des expériences avec des mortiers à longues portées, et obtint des pénétrations qui dépassent de beaucoup celle des bombes ordinaires de l'artillerie française, comme l'on peut en juger par le tableau suivant, extrait du *Journal de l'artillerie russe*, année 1858, 1er volume.

POIDS MOYEN DE LA BOMBE.	PORTÉES MOYENNES	PÉNÉTRATIONS MOYENNES.	LIMITES DES PÉNÉTRATIONS
MORTIER DE COTE DE DEUX POUDS A LONGUES PORTÉES.			
Bombes excentriques réglées.			
2 pouds 28 livres. . .	1434 sagènes.	6,7 pieds.	8 pieds.
	1756	8,7	14
	1951	8,9	12
	2065	9,7	15
Bombes concentriques.			
2 pouds 22 livres. . .	1974	9,4	15
MORTIER DE COTE DE CINQ POUDS A LONGUES PORTÉES.			
6 pouds 34 livres. . .	1952	11,3	21

Pour faire concorder ces grandes pénétrations avec les indications des deux *Aides-Mémoire* mentionnés plus haut, il n'y a qu'une supposition à faire, c'est qu'elles dépendent, outre la grande hauteur de chute qui permet aux bombes d'acquérir toute la vitesse possible, d'un poids spécifique plus considérable que celui des bombes habituellement en usage ; cette supposition se confirme, du reste, par les poids de ces projectiles comparés aux poids des bombes ordinaires des mortiers russes de 2 et 5 pouds, ne pesant que 2 et 5 12/40 de pouds, aux tolérances près, ce qui augmente la densité, pour les bombes à longue portée du tableau précédent dans le rapport approximatif, de 13 à 10.

Quant à ce qui concerne la justesse du tir des fusées à longue portée tirées contre Sébastopol, comme dans le cas cité par le vice-amiral Nachimoff, il n'a été tiré en tout que jusqu'à soixante fusées dans trois directions différentes, l'on peut admettre qu'un tiers de ce nombre fut lancé dans chacune de ces directions; il y aurait donc eu environ vingt fusées dirigées contre les bâtiments de la rade, et autant contre le port de Catherine, et une fusée pour chacun de ces groupes a atteint un bâtiment : *le Grand-Duc Constantin* sur la rade, et l'*Odessa* dans le port de Catherine. Sans chercher à déduire de ces nombres des appréciations numériques sur la probabilité de tir des fusées, il nous semble qu'un pareil résultat, à une distance de deux mille toises, peut être considéré comme brillant pour les fusées, et il le serait même pour les projectiles d'artillerie, mais l'artillerie de siége ordinaire ne permet pas d'atteindre à de pareilles distances. La plus grande portée des mortiers de l'artillerie de siége russe est de 997 toises pour le mortier de 5 pouds et de 1,085 toises pour le mortier de 2 pouds (*Manuel de l'artillerie russe*, pages 613, 614). Ces mortiers pèsent, avec leur affût, 129 1/4 et 80 1/2 pouds.

Actuellement on fait, il est vrai, des essais en Russie pour établir un mortier de deux pouds pour tirer à de grandes portées; ce mortier pèse 118 pouds 24 livres, son affût pèse 102 pouds 8 livres, ce qui fait un poids total de 220 pouds 32 livres. Avec une charge de 17 livres la portée moyenne de cette pièce a été de 1,742 sagènes, et à la même charge, avec une bombe du poids de 2 pouds 22 livres, de 1,967 sagènes. La plus grande portée de ce mortier a été de 2,030 sagènes. Les plus fortes déviations longitudinales atteignent 170 sagènes, et l'écartement entre les plus grandes déviations latérales est de 332 sagènes.

Voici maintenant, d'après le *Journal de l'artillerie* (année 1858, 1er volume), les plus longues portées obtenues en Russie dans ces derniers temps, par le comité d'artillerie, avec les plus grands canons de place.

NATURE DE LA PIÈCE.	GENRE DU PROJECTILE.	ANGLE DE POINTAGE.	Grandeur de la charge.	PORTÉE EXTRÊME EN SAGÈNES.
Canon bombe de 3 pouds, système 1849.	bombe,	33 $\frac{1}{2}$ °	16 liv.	2090
Canon de 60.	boulet,	35°	15	2460
	bombe,	35°	15	2090
Canon de 36.	boulet,	33°	12	2310

Ces portées sont bien considérables, mais elles n'arrivent encore tout au plus qu'aux 5/7 des portées obtenues par les fusées françaises à longues portées, et elles appartiennent à des pièces qui, par leur poids considérable, ne sont guère propres à figurer que dans l'artillerie de place, de côtes ou de marine; pour les siéges, de pareilles pièces ne sauraient être employées que dans des circonstances qui présenteraient des facilités de transport exceptionnelles.

D'après les renseignements communiqués d'abord à l'établissement de fusées, la portée des fusées tirées contre Sébastopol n'aurait pas dépassé cinq verstes (1); mais, selon les données françaises, cette portée a été plus considérable. Ainsi, dans le rapport soumis à l'Empereur Napoléon III par M. le maréchal Vaillant, ministre de la guerre, en date du 8 septembre 1856, sur les moyens employés dans l'expédition de Crimée, il est dit que les fusées avaient une portée de cinq à

(1) Toutefois, d'après les communications ultérieures qui nous ont été faites, nous devons faire remarquer qu'il y a eu des portées plus grandes, comme on le verra d'ailleurs à la fin de ce mémoire.

sept kilomètres. Dans notre établissement, où le manque d'une presse de puissance suffisante ne permet pas de dépasser dans la confection des fusées le calibre maximum de quatre pouces, les plus grandes portées obtenues de ces dernières ont été de quatre verstes.

Citons encore quelques renseignements sur l'effet des fusées dans les dernières opérations militaires contre d'autres points que Sébastopol.

Les Anglais se sont servis de fusées sur leurs embarcations à rames, au bombardement d'Odessa, pour incendier les bâtiments réunis dans le port. Les rapports anglais constatent que leur effet, dans cette circonstance, a été couronné d'un plein succès, et ils accordent des éloges au détachement d'embarcations à rames commandé pour cette expédition ; les fusées ont été également employées sur des embarcations à rames contre Sveaborg ; mais nous ne possédons, de notre côté, aucun renseignement officiel sur leur effet dans ces deux occasions.

Nous mentionnerons encore quelques cas qui, sans avoir eu beaucoup d'importance au point de vue des opérations en général, signalent bien les propriétés des fusées de guerre, et les applications dont elles sont susceptibles. Ainsi le *Journal de Saint-Pétersbourg*, dans son numéro du 1er (13) juillet 1855, a publié une lettre de Helsingfors du 26 juin (8 juillet) dans laquelle on lit :

« Lovisa est une jolie petite ville située au bord du golfe, « à 15 milles allemands de Helsingfors, et à 10 de Fridrikshamme, dans le cercle de Niéland ; bâtie en 1745, elle « reçut en 1752 son nom de celui de la reine de Suède, « alors régnante. Lovisa florissait par son industrie et surtout « par le commerce du sel, quand éclata la guerre anglo-« française *pour la civilisation et le bonheur de l'humanité.* « A l'entrée du port qui est peu profond et parsemé de

« pierres, se trouvait, à environ un mille trois quarts de la « ville, le fort Svartholm, abandonné et complétement dé« sarmé. Lovisa ne renfermait pas de garnison ; il n'y avait « que quelques Cosaques pour observer les côtes.

« Le 2 (14) juin, les bâtiments ennemis s'étant présentés « devant Svartholm, six chaloupes armées s'en détachèrent, « et se dirigeant vers la ville, ouverte et sans aucune dé« fense, tirèrent des fusées à la Congrève et débarquèrent « cent hommes qui brisèrent les portes et les fenêtres d'un « bâtiment vide, situé non loin du port, et servant habi« tuellement à l'emmagasinage des marchandises. Peu de « temps après le retour des chaloupes vers Svartholm, toute « la ville de Lovisa était la proie d'un incendie! L'ennemi « entreprit ensuite la destruction des fortifications de Svar« tholm.

« Les Anglais, dit en terminant le correspondant du « journal de Saint-Pétersbourg, affirmeront peut-être qu'ils « n'ont pas eu l'intention d'incendier Lovisa; mais alors « pourquoi avoir lancé contre la ville des fusées à la Con« grève, projectile spécialement incendiaire? »

Dans un autre numéro du même journal, à la date du 30 juin 1855 (12 juillet), nous voyons que deux frégates anglaises, à vapeur, et une chaloupe canonnière, ayant jeté l'ancre dans le port de Kounda, sur les côtes d'Esthonie, mirent en mer des embarcations, dont l'une à quatre rames aborda non loin d'une prairie sur laquelle travaillaient neuf paysannes. Ayant aperçu l'ennemi, ces femmes se mirent à fuir vers une forêt voisine; les hommes débarqués leur crièrent en suédois de n'avoir aucune crainte et agitèrent leurs chapeaux pour leur faire signe de s'arrêter. Voyant que celles-ci continuaient à courir, une des chaloupes se rapprochant de la côte lança alors deux fusées à la Congrève contre les fugitives. Une d'elles fut blessée au-dessus du genou par la première fusée et la seconde broya le pied à une autre de ces malheureuses.

Tout en réservant dans ce dernier fait le côté moral de l'action, l'on ne peut, en se plaçant au point de vue technique où nous sommes, qu'applaudir à la justesse du tir et à l'effet des projectiles.

Dans ces derniers temps, lors du bombardement de Canton, en 1856, les Anglais se sont encore servis avec succès de fusées de guerre. En effet, le journal *le Nord* publiait, le 16 janvier 1857, une lettre qui lui était adressée, du 20 novembre 1856, par l'un des bâtiments marchands à l'ancre dans le port de Canton, et qui par conséquent avait été témoin de l'attaque de la ville par l'escadre anglaise sous les ordres du contre-amiral Seymour; entre autres détails, cette lettre rapporte que les Anglais avaient disposé, dans un endroit nommé Folie-Hollandaise, leurs batteries de fusées pour tirer contre la ville et que l'effet incendiaire a été terrible.

En rapportant les faits et en établissant ainsi des rapprochements entre le tir des fusées et celui des canons, nous sommes très loin de chercher à établir, en général, la suprématie de justesse de tir des fusées sur celle des pièces d'artillerie; nous reconnaissons à ces dernières une supériorité complète à cet égard, excepté pourtant pour les fusées de jet autrichiennes du calibre de 2 et 2 1/2 pouces, dont le tir est plus juste que celui des licornes russes et des obusiers autrichiens. Nous reviendrons encore sur ce sujet dans la suite de notre mémoire; mais ce que nous avons voulu démontrer, c'est que les fusées sont une arme qu'on est parvenu à diriger avec une exactitude suffisante pour en tirer parti à la guerre, et que leur portée l'emporte sur celle des plus grandes pièces d'artillerie actuellement en usage, lançant des projectiles sphériques.

De plus, les faits que nous avons cités prouvent pleinement, à notre avis, que pour le bombardement des villes populeuses, ouvertes et situées près du rivage de la mer, aussi bien que pour des expéditions maritimes contre les côtes, les fusées offrent un moyen d'action qu'on ne peut obtenir des pièces d'artillerie, surtout pour la facilité qu'on a de les lancer des moindres embarcations à rames, et pour les avantages qu'elles présentent dans les débarquements. D'après la manière des Anglais de faire la guerre, ce projectile leur est surtout utile comme armement maritime ; aussi dans la flotte anglaise toutes les embarcations sont armées exclusivement de fusées, excepté les grandes chaloupes de quatorze rameurs, qui portent un chevalet de tir pour les fusées du calibre de vingt-quatre livres ou un obusier de douze.

Les services que les fusées ont rendus aux Anglais, les ont conduits à en développer la fabrication, et parmi les agrandissements apportés à l'arsenal de Woolvich, il faut compter la construction d'une grande fabrique de fusées, ainsi que nous l'apprend *le Spectateur militaire* (livraison d'octobre 1856).

Après avoir exposé les faits qui nous sont connus, concernant l'usage qu'on a fait de notre côté des fusées de guerre, à Sébastopol, ainsi que les données qui déterminent, du moins en partie, l'efficacité des fusées anglaises et françaises, nous allons examiner les affirmations du général Krijanowsky sur la question. Selon lui, le général *** et les officiers de son état-major déclaraient qu'ils ne se sont servis des fusées pendant le siége de Sébastopol, que parce qu'elles étaient expédiées de France en très grand nombre et qu'il fallait les consommer, mais que le *jeu n'en valait pas la chandelle.*

En ce qui concerne le nombre des fusées, d'après le rapport du Ministre de la guerre français sur le matériel de l'expédition de Crimée, il en a été expédié de 7 à 8,000, quantité qu'il faut reconnaître comme peu considérable eu égard au matériel de l'artillerie française, qui se composait, selon le même rapport, de :

1,676 canons de tout calibre,
2,083 affûts,
2,740 chariots,
2,128,000 projectiles.
4,000,000 kilogrammes (250,000 pouds) de poudre.

Ces objets formaient plus de cinquante millions de kilogrammes, tandis que les fusées, avec leur emballage, ne devaient guère peser au-delà de cent soixante mille kilogrammes ou environ un quatre-centième du poids de ce matériel (1).

Il aurait été intéressant de savoir si l'effet destructeur de l'artillerie française contre Sébastopol a dépassé l'effet des fusées, proportionnellement à la différence des poids et des volumes des deux sortes d'artillerie, ainsi qu'au nombre des servants et des chevaux attachés à chacun de ces services. Du reste, quel que soit le résultat à cet égard, il ne faut pas oublier que les fusées sont dès à présent indispensables en tous cas, car dans certaines occasions elles donnent

---

(1) Au bombardement de Copenhague par les Anglais, en 1807, les fusées furent le principal agént de destruction employé contre cette cité; ainsi, dans l'espace de trois jours, on lança :

40,000 fusées de guerre;
3,000 projectiles incendiaires;
6,412 bombes;
4,966 boulets.

(Beschreibung Karteschgranaten und Krigsraketen von einem deutchen Artillerie Officier, Leipzig.)

des effets que ne saurait produire l'artillerie ordinaire.

M. le général-major Krijanowsky ne méconnaît pas entièrement, d'ailleurs, l'avantage des fusées; il avoue même que, dans la dernière période du siége, elles ont servi à incendier les dépôts de vivres, occupant un grand emplacement au côté nord et contre lesquels elles étaient lancées du côté sud. Mais il admet qu'on aurait pu atteindre le même but, avec moins de dépenses, au moyen de bombes à grande portée. A cette observation on peut objecter que, dans le cas actuel, il s'agissait de tirer à travers la rade, c'est-à-dire de franchir une distance qui, du côté sud aux dépôts du côté nord, n'était pas inférieure à mille sagènes (deux mille mètres). Or, cette distance forme presque la limite extrême pour nos mortiers de cinq et deux pouds, pièces déjà très lourdes et dont cependant le poids est faible comparativement à celui des mortiers ou des obusiers à longue portée, notamment à celui du mortier de deux pouds nouvellement projeté dans ce but; et, pour agir avec des pièces de cette nature, il aurait fallu les transporter, ainsi que leurs affûts, à travers les décombres qui couvraient le côté sud, ce qui aurait entraîné un travail considérable. Une fusée à longue portée, pesant vingt kilogrammes environ, peut au contraire être facilement transportée à bras; il en est de même du chevalet, qui, pour ces fusées, peut peser moins de cent kilogrammes, et qu'on pourrait, au besoin, remplacer par un auget fait sur place avec quelques planches. Il résulte de ces observations que l'emploi des fusées de guerre, pour incendier, en agissant du côté du sud, les approvisionnements situés au côté du nord, a présenté des avantages incontestables sur celui des mortiers à longue portée. Dès lors, il n'y a pas motif d'accuser les alliés d'inhabileté pour s'être servis de leurs fusées, d'autant plus qu'ils ont eu encore raison de le faire au point de vue de l'économie. Des fusées, du modèle français de la fusée de dix centimètres, de longue portée, ont coûté à établir, dans notre établissement, à peu près soixante francs pour les matériaux, sans compter la main-d'œuvre ; un projectile incendiaire du calibre d'un poud, pour les mortiers d'un poud, avec la charge du mortier, aurait moins coûté sans doute ; mais ce projectile aurait été sans contredit inférieur, pour l'effet incendiaire, à une fusée de dix centimètres, à cause de la plus faible quantité de composition incendiaire et du moins d'intensité de combustion de cette composition, comparée à celle qui remplit les chapiteaux des fusées françaises (1).

Faisons enfin observer que la plus grande portée du mortier russe d'un poud ne dépasse pas 540 sagènes.

Pour produire le même effet incendiaire que la fusée de dix centimètres, il eût donc été nécessaire de recourir au moins à la bombe incendiaire de deux pouds ; celle-ci, avec la charge du mortier ordinaire, coûte également moins que

(1) La fusée française de 10 centimètres contient 7 livres de composition incendiaire, par conséquent 2 livres de plus que notre bombe incendiaire du calibre d'un poud, et il faut ajouter que la composition des fusées françaises est très active. C'est une composition sèche qui doit être comprimée avec beaucoup de force pour ne pas faire explosion ; aussi, convenablement employée dans des cartouches, elle ne saurait l'être dans des projectiles sphériques, comme le sont les bombes incendiaires russes, où on doit l'introduire par les orifices servant en même temps d'issues à la flamme. Pour charger ces projectiles, on se sert de roche à feu liquéfiée par la chaleur. On a fait des tentatives pour remplacer cette composition par celle des fusées françaises chargées à froid ; mais, la plupart du temps, les projectiles chargés avec la composition française éclataient dans les pièces mêmes, ou dans l'air, au sortir de la pièce.

la fusée, il est vrai, mais son transport serait déjà revenu plus cher que celui de la fusée. De plus, son tir demande des pièces et des affûts très coûteux par eux-mêmes, dont le transport est fort dispendieux, et qui ne servent que pour tirer un nombre limité de coups, après lesquels ils sont hors de service. Quant aux bombes de deux pouds, pour être tirées avec un mortier à longue portée, elles exigeraient des charges de tir qui en feraient déjà un projectile bien plus cher que la fusée de dix centimètres, et néanmoins elles seraient encore bien loin de pouvoir égaler la portée de celle-ci.

En comparant les frais et les facilités de transport des fusées à ceux du matériel de l'artillerie, on peut envisager la question à deux points de vue :

1° Au point de vue d'un seul et même résultat à obtenir, au moyen, soit des projectiles de l'artillerie, soit des fusées; par exemple, s'il s'agit d'incendier, l'avantage sera toujours à notre avis du côté des fusées.

2° Si on envisage les fusées comme moyen de lancer des projectiles d'artillerie, et qu'on les compare alors aux pièces d'artillerie, l'avantage dans ce second cas sera, pour un petit nombre de coups, en faveur des fusées; pour un grand nombre, il sera du côté des pièces d'artillerie.

Expliquons ceci par des exemples : le mortier russe du calibre de 1/2 poud avec son affût pèse 9 1/2 pouds. Le mortier de 1/4 poud avec son affût pèse 6 pouds 25 livres ; la fusée de deux pouces avec la grenade d'un 1/2 poud pèse 29 livres; avec la grenade d'un 1/4 poud, 18 livres ; le chevalet pour le tir élevé des fusées peut ne pas être plus lourd qu'un poud. Par conséquent dix coups d'un mortier d'un 1/2 poud constituent un poids d'environ 15 pouds ; dix grenades d'un 1/2 poud fixées aux fusées avec le chevalet de tir, ne forment qu'un poids d'environ huit pouds. Le mortier d'un 1/4 de poud avec dix coups, forme un poids de plus de neuf pouds; dix grenades d'un 1/4 de poud fixées aux fusées avec leur chevalet, ne donnent qu'un poids d'environ 5 1/2 pouds.

Le nombre de coups auquel s'établit l'égalité de poids, entre le mortier et les fusées, et au-delà duquel l'avantage du plus faible poids passe du côté du mortier, est pour le mortier d'un 1/2 poud de quarante-six coups et pour le mortier d'un 1/4 de poud, de vingt-six coups.

Le mortier de campagne introduit récemment dans notre artillerie pèse : le mortier seul, dix pouds; l'affût 11 1/2 pouds. Pour lancer des bombes d'un poud avec des fusées, il aurait fallu recourir au moins aux fusées de 10 centimètres avec de grandes baguettes, dont le poids, y compris celui de la baguette, est de un poud. Par conséquent, il est facile de calculer qu'à trente-neuf coups, le poids du mortier avec ses projectiles aurait égalé le poids de ces mêmes projectiles réunis aux fusées. Au-delà de ce nombre, l'avantage du moindre poids appartient au mortier. Mais, remarquons-le, même à poids égal, il est plus facile de transporter des fusées avec leur chevalet, qu'un mortier avec le même nombre de bombes, à cause de la grande divisibilité de poids des premières. Aussi, dans beaucoup de circonstances, dans la guerre de montagnes (1), dans la guerre de tranchée, etc.,

---

(1) Ici, nous devons indiquer l'avantage que l'on aurait pu obtenir des fusées de dix centimètres avec baguette courte et grenade de dix livres, ou chapiteau incendiaire dans la guerre du Caucase. Le chevalet adopté en Russie pour le tir de ces fusées consiste en un trépied, qui fermé a sept pieds de long et pèse 2 pouds et 2 1/2 livres, et en un tube en bronze long de 8 pieds et du poids de 2 pouds et 12 livres; par conséquent, le chevalet peut être facilement transporté sur un

les fusées employées à lancer des projectiles d'artillerie ont, quant au transport par roulage, par bêtes de somme ou à bras d'hommes, une supériorité marquée sur l'artillerie, et par conséquent peuvent rendre des services signalés; d'autant plus qu'avec une confection suffisamment perfectionnée, leur tir élevé ne le cède pas en justesse au tir élevé des pièces longues de l'artillerie de campagne.

TABLEAU

Des portées des projectiles d'artillerie sphériques lancés au moyen de fusées.

CALIBRE DE LA FUSÉE.	POIDS DES FUSÉES AVEC BAGUETTE.		GRENADE DE un quart de poud.	GRENADE DE un demi-poud.	BOMBE DE un poud.
	COURTE.	LONGUE.			
2 pouces.	6 24/96 liv.	7 72/96 liv.	200 sag.	70 sag.	8 sag.
2,5 —	12 48/96	16 24/96	500	160 (*)	50
4 —	35 48/96	60	2,000	560 (*)	250

(*) Portées déterminées approximativement par analogie ; les autres portées sont obtenues par l'expérience.

Dans le tir élevé avec les fusées, en augmentant le poids du projectile, il faut augmenter la longueur et le poids des baguettes.

---

cheval; la longueur de la fusée, avec son projectile, sans baguette, est de 3 pieds 4 pouces; son poids, 41 livres. La baguette est longue de 4 pieds 4 pouces, et pèse 7 livres un quart. Les baguettes se dévissent, ce qui fait que les fusées et les baguettes peuvent se transporter très facilement à dos de cheval.

Dans le tir des projectiles sphériques de l'artillerie a moyen des fusées, on a à craindre quelque accident par ' dépotement de la fusée sur le chevalet ; car avec le disposit de communication directe du feu du massif de la fusée à l fusée du projectile creux, le projectile peut éclater sur le lie même du départ. Mais à cela, on peut répondre que des fusée bien préparées et qui ne sont pas avariées par le défaut d soins dans l'emmagasinage ou le transport, n'éclatent qu rarement, et peut-être plus rarement que des canons d fonte. Du reste, il est facile d'écarter tout danger, en cas d dépotement d'une fusée armée d'un projectile explosif, e ayant recours pour le projectile à une fusée à percussio qui ne produise son effet qu'à la suite d'un choc suffisam ment fort, tel que celui auquel est soumise la fusée à la fin d sa course et qui ne détonne pas en tombant simplemen d'une petite hauteur sur le terrain, comme cela arrive aprè le dépotement de la fusée sur le chevalet.

Comme preuve de la justesse de tir des projectiles sphériques de l'artillerie, lancés au moyen de fusées, nous rapporterons le fait suivant :

J'assistais en Autriche, à Viener-Neustadt, le 30 juin (12 juillet) 1852, à un tir de fusées auquel se trouvaient égalemen M. de Fonton, actuellement ministre de Russie auprès de l Diète germanique, et M. le général de l'artillerie russe d Knoring, actuellement général aide de camp de S. M. l'Empereur de Russie. M. le baron Augustin, directeur généra de l'artillerie autrichienne et créateur des fusées autrichiennes, me proposa, pour mieux observer l'arrivée de ces fusée à leur point de chute, de me placer avec lui à 30 pas d carré tracé sur le terrain pour servir de but aux fusées qu devaient être tirées à élévation : ce carré avait 90 pas d côté. Nous nous sommes ainsi trouvés à découvert à 30 pa d'un des angles du carré et à 75 pas de la ligne de tir.

On tira, d'une distance de 800 à 500 pas, 84 fusées de jet (*Wurfraketen*, comme on les appelle en Autriche); sur ce nombre, 55 ou 65, 4 pour cent tombèrent dans le carré; les déviations latérales n'ont jamais dépassé les limites du carré, et ce n'est que par déviations longitudinales que des fusées ont manqué le but.

Voici le tableau détaillé des résultats :

NATURE DES FUSÉES.	Distance en pas de mesure autrichienne.	Distance en sagènes.	Angle d'élévation.	Nombre de coups.	Nombre de fusées ayant atteint au centre du grand carré, un carré de 30 pas de côté.	Nombre de fusées ayant atteint le grand carré de 90 pas de côté.	Nombre de fusées n'ayant pas atteint le but.
Fusées de 2 pouces, armées d'un obus pesant 6 livres. .	800	284	45°	24	2	11	11
	600	213	20°	24	4	12	8
	500	178	16°	24	5	10	9
Fusées de 2 ½ pouces, armées d'un obus du poids de 16 livres. . . .	500	178	35°	12	8	3	1

Le Comité d'artillerie russe reconnut, en 1852, que ce tir surpassait en justesse le tir des licornes de campagne russes, et même des obusiers autrichiens courts. Quant au tir du mortier de campagne nouvellement introduit dans l'artillerie russe, nous consignerons ici les résultats obtenus avec cette pièce par le Comité d'artillerie en 1857 :

A 43 1/2° degrés, sur 100 coups tirés contre un carré de 30 sagènes de côté :

A la distance de 150 sagènes, 92 ont atteint le but;

— 250 — 53 —

— 300 — 49 —

Ce qui donne, pour les trois distances, une moyenne de 64, 6 pour cent. Il nous semble qu'une comparaison attentive de ces résultats avec ceux du tableau précédent atteste au moins une égalité de justesse en faveur des fusées.

Dans l'artillerie française, pour le mortier de 15 centimètres, dont la bombe pèse 17,33 livres russes, et qui, par conséquent, présente une pièce analogue au matériel des fusées de campagne autrichiennes pour le tir élevé, la probabilité d'atteindre un carré de 60 mètres de côté, ou d'environ 90 pas, à la distance de 600 mètres, ou environ 900 pas, est de 63 pour cent d'après l'*Aide-Mémoire français*, édition de 1856, page 617.

Le tir des mortiers français de grand calibre, ainsi que celui des mortiers russes de 2 et 5 pouds, est bien supérieur, sous le rapport de la justesse, au tir des fusées de jet autrichiennes ; mais il nous semble qu'il n'y a pas lieu de faire ici un rapprochement entre un matériel de campagne aussi transportable que le sont les fusées et des pièces de siége du plus gros calibre.

Les projectiles pesant au-delà d'un poud ne peuvent guère être lancés avec des fusées, d'où il résulte que les fusées ne sauraient être employées à lancer des projectiles ayant pour but d'enfoncer les voûtes de constructions défensives; mais on jette avec succès, au moyen de fusées, des projectiles d'artillerie sur les habitations civiles et surtout sur des troupes qui ne sont pas abritées par en haut. Sous ce dernier rapport les fusées offrent un excellent moyen pour agir contre des tranchées, tant à cause de leurs facilités de transport, que parce qu'elles n'entraînent pas, en cas d'insuccès, des pertes aussi sensibles que celle des pièces d'artillerie; en effet, le prix de revient des chevalets pour le tir élevé des fusées de deux pouces ne va qu'à environ douze francs; et, ce qui est également digne de considération, on ne risque pas de laisser à l'ennemi un trophée de la valeur d'un mortier.

M. le général-major Krijanowski appuie les convictions qu'il s'est formées au sujet des fusées *de toute espèce*, sur ce qu'il a vu dans le cours de la dernière guerre et au Caucase. Mais avant de discuter ces convictions, exposons rapidement l'histoire de l'emploi qui a été fait en Russie des fusées de guerre dans d'autres circonstances qu'à Sébastopol.

Quant à ce dernier point, nous avons dit au début de cette note tout ce que l'établissement de fusées a connu.

La première application des fusées à la guerre remonte, en Russie, à la campagne de Turquie de 1828-29. Le général Schilder les employa alors à l'armement de radeaux flottants, garnis d'épaulements en sacs remplis de terre, qu'il avait établis sur le Danube ; en outre, on en fit usage dans la même guerre aux siéges de Varna et de Silistri, et pour les opérations en rase campagne. En général on se servit à l'origine de fusées de petit calibre, dont les portées ne dépassaient pas celles de l'artillerie de campagne. On n'a recueilli, quant à l'efficacité de ces fusées, aucune donnée positive ; tout le souvenir qui en est resté, c'est qu'elles étaient fort mauvaises, qu'elles éclataient souvent sur les chevalets au préjudice de nos propres troupes, et qu'elles revenaient parfois en arrière. Aussi les artilleurs d'alors trouvaient qu'elles nous faisaient plus de mal qu'aux Turcs, et l'on avait pris l'habitude de dire que le meilleur emploi qu'on en pût tirer, c'était de les donner aux Turcs afin qu'ils s'en servissent contre nous.

L'usage rationnel des fusées de guerre en Russie ne date véritablement que de l'arrivée du comte, depuis prince Vorontzoff, au Caucase : les premières fusées furent expédiées à sa demande en 1846.

Le prince Vorontzoff, d'une part en raison du système d'opérations militaires adopté dans le Caucase, et de l'autre, parce que les fusées à longues portées n'avaient pas encore atteint leur perfection actuelle, demandait l'envoi exclusif de petites fusées qui, ne dépassant pas le poids d'un fusil de munition, sont plus commodes pour le transport à bras.

Le prince Vorontzoff a exposé d'une manière très remarquable l'utilité des fusées dans les pays des montagnes, dans sa lettre en date du 18 février 1846 (n° 200), au ministre de la guerre, M. le prince Tchernichoff, en réponse aux justifications qui lui furent demandées sur l'ordre de S. M. l'Empereur, relativement à l'approvisionnement annuel de 6,000 fusées qu'il déclarait nécessaire pour la guerre du Caucase. Dans cette lettre le prince dit entre autres choses : « Ayant « suivi à Woolvich même, aux revues et aux exercices, le tir « de fusées de trois à quatre livres, il m'a paru qu'elles « pouvaient être, surtout dans les montagnes, l'une des « armes les plus utiles pour la guerre. Certainement les « canons de petit calibre tirent plus juste... Mais avec tout « canon il faut des affûts, des caissons, en un mot tout un « train de charroi ; même avec nos obusiers de montagne, on « a besoin d'avant-trains, de roues et de chevaux de bâts. « Avec les fusées de petit calibre il n'y a rien de tout cela ; « partout où passe la cavalerie, on peut faire passer avec « elle autant de fusées de petit calibre qu'on le désire. Cha« que cavalier peut avoir une fusée avec lui en guise de « pique ; les chevalets pour ces fusées sont très petits, et l'on « peut même au besoin s'en passer. En un mot, les petites « fusées forment une artillerie qui n'est certainement pas « des meilleures, mais que l'on peut avoir toujours et en « telle quantité que l'on veut, là où il serait difficile, dange« reux ou même absolument impossible d'avoir toute autre « artillerie. La quantité peut suppléer largement à une « certaine infériorité de qualité. »

Pour répondre aux besoins de la guerre du Caucase, le prince Vorontzoff demanda la création d'un établissement de fusées sur les lieux mêmes. Ce projet reçut un commencement d'exécution, et le colonel d'artillerie Kostyrko fut envoyé dans ce but au Caucase en 1850; mais il survint des difficultés qui firent renoncer à ce dessein, et dans la même année le prince Worontzoff fit savoir au ministre de la guerre, qu'au lieu de l'installation d'un établissement au Caucase, il préférait recevoir, comme par le passé, les fusées de l'établissement de Saint-Pétersbourg, toutefois en quantité plus considérable, c'est-à-dire jusqu'à concurrence de dix mille fusées par an. Cette demande a été communiquée à l'établissement des fusées en date du 23 août (4 septembre) 1850 (n° 341). En résumé, depuis 1846 jusqu'à la fin de 1857, on a expédié au Caucase 31,550 fusées de deux pouces; dans ce nombre 29,630 portaient des grenades et 1,920 de la mitraille. On envoya, en outre, dans le courant des années 1850 et 1851, 50 fusées de quatre pouces, avec des fougasses; mais le manque d'occasions pour leur emploi empêcha d'en demander davantage. En dehors de ces fusées, on n'en envoya d'aucune autre sorte, ni fusées de jet pour le tir élevé des projectiles d'artillerie, ni fusées incendiaires, ni fusées pour lancer des balles à feu, ni fusées à parachute.

En 1850, j'ai demandé qu'on me tînt au courant de l'application des fusées à la guerre du Caucase, et qu'on indiquât dans les rapports à ce sujet tout ce qui était relatif à la conservation et au transport, ainsi que ce qui concernait la formation de détachements de fuséens. A ce dernier point de vue nous ne possédons encore rien de réglementaire; du reste, quand il s'agit de l'introduction d'une nouvelle arme, ce qu'il y a de mieux c'est de laisser aux troupes elles-mêmes le soin d'en organiser le service; c'est ainsi qu'a été formée, au Caucase, l'artillerie de montagne, non-seulement en ce qui concerne la création du personnel, mais même le choix du matériel. A la suite de mes sollicitations on a commencé, depuis 1851, à transmettre à l'établissement de fusées les renseignements qui se rattachent à l'emploi des fusées dans le Caucase. En faire ici un exposé, serait faire un récit complet des opérations militaires, car les fusées furent l'auxiliaire obligé de tout mouvement de troupes et participèrent, on peut le dire, à toutes les affaires. Nous citerons toutefois quelques faits : à la bataille de Kurouck-Dara, le 24 juillet (5 août) 1854, nos forces s'élevaient à 18,000 hommes, répartis en 18 bataillons d'infanterie, 26 escadrons de dragons, 26 sotnia de cavalerie irrégulière, et un matériel d'artillerie composé de 64 canons, dont 44 en batteries à pied et 22 en batteries à cheval, et de 16 chevalets de fusées desservis par des cavaliers formant deux batteries de fuséens à cheval. On voit que le nombre des chevalets de fusées était du quart de celui des canons ; il fut tiré, en tout, dans cette affaire 128 fusées. Comme exemple d'un bon emploi des fusées contre la cavalerie, nous mentionnerons un engagement qui eut lieu en Asie-Mineure, sur les hauteurs de Karadach, le 4 (16) juin 1855 ; le rapport du général Mouravieff sur cette rencontre porte que la cavalerie turque fut d'abord refoulée par le colonel Kamkoff jusqu'aux retranchements du camp turc ; ayant reçu du secours, elle essaya de reprendre l'offensive, mais elle fut arrêtée par deux volées de la batterie de fusées sous les ordres du lieutenant d'artillerie à cheval de la garde, Oussoff, qui termina ainsi l'affaire. D'après le rapport du lieutenant Oussoff, la cavalerie turque fut arrêtée par vingt-deux fusées dont le tir au début fut dirigé d'une distance d'environ six cents pas. Après avoir refoulé la cavalerie, le lieutenant Oussoff lança des fusées dans le fort le plus à portée de l'action, encore éloigné cependant d'environ 900 pas. Neuf fusées furent tirées de cette manière aux angles de 24 à 27 degrés ; elles pénétrèrent dans le fort où elles produisirent à ce qu'il paraît un certain désordre, car le feu des Turcs fut momentanément suspendu.

Le lieutenant Oussoff avait été expédié au Caucase pour y expérimenter des chevalets du poids d'un fusil de munition que je proposais d'adopter pour les fuséens à cheval. Il avait emporté huit de ces chevalets avec tous leurs accessoires dans sa voiture de voyage, qui contenait déjà tout son bagage, et dans laquelle, en outre, prit place son domestique. Arrivé au Caucase, il forma avec ces chevalets une batterie de fuséens à cheval, dont il eut le commandement depuis le 21 mai 1855 jusqu'au 25 juillet 1856; le lieutenant Oussoff a été envoyé avec cette batterie dans l'armée du général Mouravieff et s'est trouvé sous Kars.

A l'occasion de l'emploi des fusées dans l'affaire des hauteurs de Karadach, j'ai présenté à M. l'aide de camp général Bezack, le 5 août 1855, un rapport (n° 1215) dans lequel je faisais remarquer que : « depuis que les fusées ont été em« ployées chez nous en rase campagne, jamais il n'en a été « fait mention dans les rapports des généraux en chef d'une « façon aussi brillante que dans la relation du général Mou« ravieff, et que si les batteries de fuséens avaient une for« mation permanente, il eût été juste de consacrer le souvenir « du beau fait d'armes de Karadach par une distinction spé« ciale. Malheureusement nos batteries de fuséens se for« ment seulement à mesure qu'on en ressent le besoin, et « sont licenciées aussitôt après avoir rempli leur destination « passagère ; il en résulte que ces batteries ne conservent ni « la tradition des succès qui les honorent, ni le souvenir des « résultats de l'expérience acquise. »

Aussi je demandai, comme une sorte de commencement d'exécution, que la batterie du lieutenant Oussoff reçût une organisation permanente et fût honorée d'un signe distinctif, semblable à celui qui fut accordé à la batterie de fuséens de l'artillerie de la garde anglaise, qui reçut un fanon avec cette inscription : « *Pour Leipsick,* » en récompense des services qu'elle avait rendus dans cette bataille. Cette proposition fut communiquée, pour apprécier la suite à y donner, au chef de l'artillerie du Caucase, M. le lieutenant-général Brummer. Cet officier général, dans son rapport du 1er novembre 1855 (n° 1350), à l'aide de camp général Bézack, certifie que la batterie commandée par le lieutenant Oussoff a rendu de grands services dans toutes les rencontres, et que cet officier, par son savoir et sa ponctualité à exécuter les ordres qu'on lui donnait, a constamment mérité l'estime de ses chefs. Enfin M. le lieutenant-général Brummer ajoute qu'il reconnaît comme utile la création au Caucase de batteries permanentes de fuséens à cheval, et comme conclusion il présente un projet de manuel pour l'organisation et le service de ces batteries, comprenant un résumé des règles admises par l'expérience pour la formation et le service des batteries temporaires du Caucase.

Toute cette affaire, y compris le projet de manuel, me fut renvoyée pour en faire l'exposé et y joindre mes conclusions. Les préparatifs du feu d'artifice pour le couronnement de sa Majesté l'Empereur ne me permirent pas de répondre de suite; mais au mois de mars 1857 j'ai pu enfin soumettre à ce sujet un rapport (n° 434), dans lequel je cherchais à faire ressortir l'appui que donnait à ma proposition l'opinion du chef de l'artillerie du Caucase, et je sollicitais, en me basant sur ses énonciations, la formation de batteries permanentes de fuséens au Caucase.

En témoignage de l'utilité des fuséens en rase campagne, l'on peut rappeler aussi le désir exprimé par les commandants des régiments de Cosaques, d'avoir des fusées, désir auquel l'aide de camp général Homoutoff s'est efforcé de satisfaire en réclamant l'envoi de fusées. Quelques chefs des régiments de Cosaques ont même demandé à annexer à leur corps des sections de fuséens à leurs propres frais; c'est ainsi que le chef du régiment des Cosaques du Don, n° 1, le colonel Sozonoff, a obtenu l'autorisation de former, sous cette condition, une section de fuséens de deux chevalets, pour laquelle on a décidé qu'il lui serait délivré des fusées provenant des approvisionnements de guerre.

L'établissement de fusées n'a pas eu à fournir, pour les besoins de la guerre, de fusées de jet pour lancer les projectiles sphériques de l'artillerie, à élévation : ces fusées n'ont été employées en Russie qu'au siége d'Akmetchet, actuellement nommé fort Pérowsky ; elles ont été confectionnées sur place par l'enseigne de l'artillerie de la garde, Jochansen, attaché à l'établissement de fusées, qui a ainsi transformé des fusées de deux pouces en y fixant une grenade de 1/4 poud. Nous reproduirons encore ici un renseignement que nous avons recueilli, ressortant de l'emploi des fusées contre Akmetchet et qui montre toute l'utilité qu'offre cette arme en raison de la facilité de son transport.

L'enseigne Jochansen, accompagné de deux sous-officiers, de huit artilleurs et d'un planton, quittait Saint-Pétersbourg le 15 (27) mars 1853, sur onze traîneaux de poste, emportant un approvisionnement de trois cent cinquante fusées de deux pouces, armées d'obus de deux livres, et quatre chevalets avec tout l'attirail nécessaire, et le 31 du même mois (12 avril), il arrivait à Orenbourg après avoir changé d'équipage à chaque station de poste.

Au siége d'Akmetchet, on lança cent quatre-vingt-seize fusées avec des grenades d'un 1/4 de poud, chargées de leur pleine charge d'explosion, et ces projectiles mirent plus de cent des assiégés hors de combat. Une fusée entre autres, traversant la toiture d'une mosquée, tomba dans l'intérieur de l'édifice au moment où il était rempli de monde, et la grenade, faisant explosion au milieu de la foule, occasionna la mort de cinq individus et blessa plusieurs personnes ;

ces détails ont été recueillis après la prise du fort.

L'enseigne Jochansen fut décoré, pour sa participation à la prise d'Akmetchet, de la croix de Saint-Vladimir avec la rosette, et reçut de plus une année de son traitement, et des dix servants qui l'accompagnaient, trois ont obtenu la croix militaire. Depuis, sur le désir du comte Pérowsky, l'on envoie annuellement des fusées de deux pouces aux corps de troupes de Sibérie pour le tir du polygone et pour la formation d'un approvisionnement destiné au corps de troupes d'Orenbourg.

Le surplus des fusées emportées par l'enseigne Jochansen, laissé en dépôt dans le fort Pérowsky, a été employé avec succès par le général Ogaroff en 1853, pour repousser une attaque des Koukans. Dans cette dernière affaire, il y eut une fusée de dépotée; c'est la seule sur les 350 expédiées avec l'enseigne Jochansen; le fait a été communiqué officiellement à l'établissement des fusées.

D'après la demande du prince Gortschakoff, on a expédié le 5 (17) février 1854, à l'armée du Danube, deux mille fusées de deux pouces et vingt-quatre chevalets avec les bâts pour le transport, dans le but de créer des batteries de fuséens à cheval pour servir d'artillerie aux détachements volants. Ces fusées furent amenées par le roulage à Ismaïl le 19 avril (1er mai), et de là expédiées par eau à Kalorasch, sous Silistri : sur ce nombre de deux mille, on en employa au siége de cette dernière place six cent trente-neuf, dont cent trente-neuf ont été lancées à l'aide de chevalets et cinq cents directement de terre ou de la crête des parapets des tranchées.

La section de fuséens, sous le commandement du capitaine d'artillerie Baluzeck, instruit à la confection et à l'emploi des fusées de guerre, couvrit continuellement la tête de nos travaux de sape. Chaque fois que de notre côté on établissait une mine, la section des fuséens se tenait plus rapprochée de la mine que les autres troupes, et aussitôt après l'explosion, elle s'avançait au pas de course avec ses fusées et prenant position lançait des fusées dans l'entonnoir, de façon que l'assiégé ne pût s'y loger. En outre, on tira de petite distance et sous de grands angles des fusées contre l'ennemi, afin d'empêcher les apparitions qu'il faisait au haut des remparts pour canarder nos travailleurs. Après l'occupation de la contrescarpe, on se servit encore de fusées pour enfiler les fossés, afin d'en chasser les assiégés : enfin la section des fuséens participa constamment, de concert avec les autres troupes, au refoulement des sorties.

Dans les affaires qui eurent lieu dans ce but, les fuséens se sont particulièrement distingués à celles du 17 (29) mai et du 22 mai (3 juin). Le 17 (29) mai, ils arrêtèrent l'infanterie turque, et le 22 mai (3 juin), ils firent rétrograder la cavalerie. Leurs succès sous Silistri ont été certifiés par le prince Gortschakoff (communication du 23 mai (4 juin) 1854, n° 1671), qui ajoutait que les fusées pouvaient être très utiles dans le siége des places, et qui, par ordre du maréchal prince Paskewitch, réclamait un nouvel envoi de deux mille fusées à Fokschany.

Une autre application avantageuse des fusées fut faite à l'armée du Midi, sous Bobadach. Par ordre du général en chef prince Gortschakoff, la batterie des fuséens à cheval, sous le commandement du sotnik (1) Andronikoff, fut désignée, dans la nuit du 26 décembre 1854 (7 janvier 1855), après le passage du Danube, à sept verstes plus haut que la ville de Toultcha, pour attaquer les Turcs réunis à Bobadach, de concert avec le régiment des Cosaques n° 1 et deux escadrons du régi-

---

(1) Commandant d'une sotnia, ou compagnie de cent Cosaques.

ment des lanciers du Boug. Il s'agissait principalement de brûler de vastes écuries récemment construites à Bobadach pour la cavalerie turque.

Après avoir opéré le passage du Danube, ce détachement se porta au grand trot à l'endroit indiqué, et, aussitôt arrivée, la batterie ouvrit le feu avec cinq chevalets, deux contre les écuries et trois contre la cavalerie turque qui s'était concentrée à l'extrémité de la ville. Quelques fusées suffirent pour incendier les écuries et faire reculer la cavalerie ; le détachement se mit à sa poursuite, et par quelques autres fusées tirées d'une seconde position, la dispersa définitivement. Selon le rapport du sotnik Andronikoff, il n'a fallu que deux fusées pour incendier les écuries.

Sa Majesté l'empereur Nicolas fit témoigner au chef et aux officiers de l'établissement de fusées sa satisfaction pour les services rendus à l'armée du Midi par les fusées, services qui attestaient leur bonne préparation, et il ordonna de distribuer aux ouvriers et aux artilleurs commandés pour ce travail une gratification d'un rouble par homme.

On doit remarquer que les fusées envoyées à l'armée du Midi étaient destinées aux détachements volants à cheval, et par conséquent exclusivement armées de grenades et combinées de manière à être tirées de plein fouet sous de petits angles. Néanmoins elles furent aussi employées utilement pour des cas auxquels elles n'étaient pas destinées, et où d'autres fusées eussent été préférables. Ainsi, au siége de Silistri, il eût fallu avoir des fusées pour le jet des projectiles d'artillerie, et à Bobadach des fusées incendiaires. Dans ce dernier cas, le but a été atteint au moyen de fusées à obus, il est vrai, mais c'est un fait exceptionnel, car si la gerbe de la fusée et l'explosion de l'obus peuvent incendier, elles produisent cependant, en raison de leur peu de durée, un effet bien moins sûr que celui du chapiteau d'une fusée incendiaire.

Devant Akmetchet, l'enseigne Jochansen s'est trouvé dans la nécessité d'employer, pour le jet des projectiles d'artillerie, des fusées de deux pouces, déjà armées de petites grenades cylindro-ogivales. Il a dû faire détacher ces petites grenades, opération difficile et non sans danger pour les ouvriers, car il s'agit d'extraire les goupilles en fer qui réunissent le projectile au cartouche de la fusée : cette circonstance m'a conduit à rechercher les moyens de jeter des projectiles sphériques au moyen de fusées armées de projectiles cylindro-ogivals, sans détacher ces derniers. J'ai pu résoudre ce problème, et les résultats obtenus ainsi que les procédés d'exécution ont été publiés dans le second volume du *Journal de l'Artillerie* (année 1855). A 50° la portée d'une fusée de deux pouces, armée, outre son projectile cylindro-ogival pour le tir de plein fouet, d'un projectile d'un 1/4 de poud, a été de sept cent cinquante pas. Pour placer le projectile accessoire au bout de la fusée, j'ai eu recours à un sabot en bois d'une forme particulière, ajusté sur le haut du projectile cylindro-ogival et soutenant le projectile sphérique comme l'est une boule de bilboquet sur l'extrémité concave du manche. Pour faire suivre l'explosion du projectile sphérique de celle du petit projectile cylindro-ogival, il suffit d'envelopper ce dernier d'un brin de mèche d'étoupille sur la partie pénétrant dans le sabot, et de faire aboutir le bout de cette mèche à la fusée du projectile creux. On obtient la consolidation de tout l'appareil en plaçant sur le haut et en travers du projectile sphérique trois rubans en toile, dont on loge les bouts le long du sabot, et on en maintient les extrémités avec une ligature faite autour du cartouche de la fusée.

Il est nécessaire de dire aussi quelques mots de la fabrication et des propriétés des fusées à fougasse. Elles sont armées d'un projectile cylindrique, en tôle, de la même épaisseur que le cartouche lui-même, dont il forme le prolongement, et elles sont terminées dans le haut par une pointe ogivale creuse en fonte, se raccordant avec les parois du projectile : pour la fusée russe de dix centimètres, ce projectile s'emplit de quatre kilogrammes de poudre de guerre. Ces fusées ont pour destination exclusive la destruction des parapets en terre. La meilleure manière de les tirer est de les faire ramper sur le terrain ou de les lancer en plein fouet, sous de petits angles : on ne saurait les employer efficacement à une distance supérieure à deux cents pas. Elles s'enfoncent dans les parapets en terre à de grandes profondeurs ; celles de dix centimètres y pénètrent à dix pieds et plus, et produisent des entonnoirs d'au moins sept pieds de diamètre. Leur force d'explosion dépend spécialement du peu de résistance de l'enveloppe contenant la poudre ; comme celle-ci n'exige pas pour se rompre une portion sensible de la force explosive, ainsi que cela a lieu d'ordinaire avec les projectiles d'artillerie, tout l'effet d'explosion se reporte contre le milieu dans lequel elles se trouvent. Mais les fusées à fougasse, par suite du peu de solidité de l'enveloppe de la fougasse, se brisent au choc des objets un peu résistants et même en tombant sur les terrains argileux durcis sous une influence quelconque ; aussi ces fusées ne sont-elles applicables qu'à la destruction des ouvrages en terre ; sous ce dernier rapport, elles offrent pour la défense des places un moyen extrêmement puissant pour ruiner les travaux avancés de l'assiégé : ainsi, il suffit d'une dizaine de fusées de ce genre pour détruire, du rempart de la place, la batterie de brèche élevée par les assiégeants. Réciproquement ces fusées peuvent être très utiles pour détruire les contre-approches ou pour former brèche dans un parapet en terre.

Au commencement des opérations sur le Danube, le général Schilder réclama des fusées à fougasse, pour s'en servir surtout contre Silistri, dont la défense avait été augmentée par de nouveaux forts en terre. En les expédiant, je sollicitai l'autorisation de les confier à l'enseigne Jochansen, le même qui s'était distingué devant Akmetchet, comme étant le seul officier de l'établissement parfaitement au courant de l'usage et de l'effet de ces fusées, qu'on put faire partir sans nuire à la marche des travaux; je demandais, en tout cas, si on trouvait impossible d'accéder à mon désir, qu'on envoyât au moins à l'établissement un officier qu'on formerait au service des fusées à fougasse; mais malgré toutes mes sollicitations, on m'enjoignit de les faire accompagner simplement par un sous-officier qu'on attacha pendant quelque temps à l'établissement afin de l'instruire. L'ordre qui me fut adressé à ce sujet ajoutait qu'il n'était pas possible de détacher un officier de quelque service que ce fût (Ordre de l'inspecteur des poudreries du 16 (28) avril 1854, n° 1138). En définitive, les fusées à fougasse furent envoyées à Boukarest avec le sous-officier Judenitch, qui, bien que de bonne conduite, autant que j'en pus juger, et instruit autant que cela avait été possible, ne répondait nullement à cette destination, ainsi que je crus devoir le faire remarquer. Je sollicitai de nouveau la désignation d'un officier 18 (30) avril 1854, (n° 711); mais ce fut encore en vain, et l'enseigne Jochansen fut nommé adjoint du commandant d'artillerie de place à Nikolaïef, où il s'est rendu le 29 septembre (11 octobre) 1855.

Pour la défense des côtes, les fusées offrent peu d'avantages contre les navires : si ceux-ci se trouvent à une distance inaccessible à l'artillerie ordinaire, il y a bien peu de chance d'atteindre avec une fusée un bâtiment en mouvement ou même en place; en sorte que le tir des fusées contre des bâtiments éloignés et isolés n'aboutirait, le plus souvent, qu'à une dépense inutile de projectiles, sans aucun dommage pour l'assaillant; à des distances rapprochées, quand on peut agir au moyen de l'artillerie, les projectiles d'artillerie lancés en plein fouet, surtout ceux de fort calibre, seront toujours plus efficaces que des fusées sur lesquelles ils ont l'avantage d'une plus grande justesse de tir et d'un effet destructeur plus énergique. Dans ce cas, la seule application à faire des fusées serait de former des batteries annexées aux détachements volants chargés de la défense de la côte. Les fusées du plus grand calibre étant très facilement transportables sur les plus légers chariots ou même à bâts, ces batteries permettraient à la première tentative de débarquement de l'ennemi d'avoir au moins un moyen quelconque de lui nuire. Dans cette situation, lorsque l'assaillant vient de débarquer, sans disposer encore de tous ses moyens d'attaque et de tout son matériel, quelques coups bien réussis peuvent jeter un trouble véritable dans ses rangs et devenir un obstacle au succès du débarquement.

Malgré le peu de résultats qu'il y avait à attendre des fusées contre les vaisseaux, les commandants des forces appelées à protéger les côtes en demandaient continuellement pour agir contre les bâtiments, et, la plupart du temps, c'étaient des fusées à fougasse, qui, au contraire, n'étaient pas employées là où elles auraient pu l'être utilement.

Plus d'une fois je fis officiellement observer que si on voulait recourir aux fusées pour augmenter la défense des côtes, il fallait se borner aux fusées incendiaires ou aux fusées à projectiles explosifs munis d'appareils à percussion, et laisser les fusées à fougasse à leur destination exclusive. Ainsi dans mon rapport du 31 juillet (12 août) 1855, n° 1169, à l'inspecteur des poudreries, je disais : « Les fusées à fougasse « pourraient être d'un secours immense dans la défense de « Sébastopol ; néanmoins on n'en demande pas; on n'emploie

« même pas les cent fusées à fougasse du calibre de quatre « pouces, qui ont été expédiées à Silistri, en 1854, au mois de « mai, et qui doivent être actuellement à l'armée du prince « Gortschakoff, et l'on demande de pareilles fusées pour agir « contre les flottes. »

Les cent fusées à fougasse adressées à l'armée du prince Gortschakoff sont donc restées sans application de guerre, ce qui ne serait pas arrivé si, conformément à mes sollicitations, au lieu d'un sous-officier on eût fait partir un officier suffisamment habile et expérimenté. En effet, dans l'armée du Midi, même parmi les officiers familiarisés avec l'usage des fusées et qui les avaient employées au Caucase, il n'y en avait aucun qui connût spécialement les fusées à fougasse pour détruire les massifs en terre, comme je l'ai indiqué à l'autorité supérieure dans mes observations à ce sujet.

Il existe en Russie une seule fabrique de fusées. Conformément au règlement de 1851, il y avait en tout dans cet établissement trente ouvriers ; afin de développer la fabrication, on accrut ce nombre à l'époque de la guerre ; mais il ne fut encore porté qu'à cent cinquante, l'espace et l'outillage ne permettant pas de dépasser ce chiffre, et c'est avec des moyens aussi restreints qu'il s'agissait de satisfaire aux demandes en fusées des commandants des troupes échelonnées presque sur toute la ligne de nos frontières d'Asie et d'Europe : personne n'éprouvait de refus, mais il n'était possible de fournir que peu de fusées et lentement. Le manque de moyens suffisants pour la confection des fusées de guerre ne doit pas être d'ailleurs attribué à la direction immédiate de l'établissement qui sollicitait incessamment des agrandissements. Mais dès le début, toutes les mesures pour l'accroissement et le perfectionnement de la fabrication des fusées furent ou limitées ou ajournées par des considérations tenant à la pensée d'installer l'établissement dans une autre localité et aux recherches d'un terrain convenable à cette installation. Par suite de ce manque de moyens d'action, toutes les ressources de l'établissement étaient absorbées depuis l'année 1846, par la confection que réclamaient les besoins de la guerre du Caucase, et ce n'est qu'avec peine et accidentellement, en profitant du temps qui restait libre parfois par l'exécution des commandes avant terme, que l'on pouvait faire quelques études relatives à la meilleure disposition des fusées, et y apporter quelques perfectionnements. Dans ces améliorations, on n'a oublié ni les fusées à longue portée, ni les fusées incendiaires, bien que ces sortes de fusées ne fussent pas aussi nécessaires que les fusées d'autres sortes, telles que les fusées de guerre de petit calibre pour la guerre du Caucase et celles dont le Génie militaire demandait annuellement l'envoi à Péterhoff pour les travaux d'instruction sur l'attaque et la défense des places : fusées à fougasse, et fusées pour lancer à élévation les projectiles d'artillerie. On faisait ainsi des essais dans l'établissement sur des fusées à longue portée incendiaires et à projectile explosif, quand on reçut de Sébastopol, par ordre de Son Altesse Impériale Monseigneur le grand-duc Michel, donné à Sébastopol même, les débris des premières fusées françaises incendiaires, à longue portée, tirées contre la place. On confectionna de suite à l'établissement, d'après ces débris, des fusées semblables, qui furent essayées d'abord au polygone de Saint-Pétersbourg, et ensuite à Revel, en août 1855, en vue des flottes françaises et anglaises. Ces fusées, enfermées dans des caisses, ont été transportées de Saint-Pétersbourg à Revel sur des chariots de poste ; elles sont arrivées en parfait état, malgré les transbordements qu'elles ont dû subir à chaque station et une vitesse de roulage qui n'a pas été inférieure à douze kilomètres par heure sur des chemins mal entretenus.

A la suite du succès du tir de ces fusées à Revel, l'établissement de fusées, à la sollicitation de l'aide de camp général Grabbe, commandant alors des troupes à Revel, reçut, par ordre impérial, un surcroît de moyens pour la fabrication des fusées à longue portée, afin d'en approvisionner les principaux points du littoral de la mer Baltique. Cette mesure était en cours d'exécution quand le traité de Paris vint mettre fin aux hostilités.

Quant à ce qui concerne l'envoi de fusées incendiaires de grand calibre en Crimée, il est nécessaire de rappeler quelques faits. A la suite des expériences favorables faites à Revel et du développement de la fabrication des fusées incendiaires, le colonel d'artillerie Jakimach, chef de section de l'état-major de toute l'artillerie, me pria, à la date du 11 (23) décembre 1855, n° 2241, d'après les ordres de l'aide de camp général Bezack, de faire savoir à Son Excellence s'il serait possible à l'établissement de fournir pour la Crimée cent fusées incendiaires à longue portée, accompagnées d'un officier. Par un rapport du 12 (24) décembre, n° 1951, je répondis à l'aide de camp général Bezack que, comme les fusées de guerre de grand calibre étaient de nature à présenter des avantages particuliers en Crimée, contre Eupatoria, contre le côté méridional de Sébastopol, et en général contre tous les points d'occupation de l'ennemi, par suite de l'étendue de ses approvisionnements et de ses constructions en bois, elles me semblaient plus utiles de ce côté que pour compléter la défense des côtes de la Baltique. En conséquence, je fus d'avis de distraire du nombre de fusées confectionnées pour le service de la Baltique, cent huit fusées qui seraient affectées à l'armée de Crimée, et auxquelles serait joint un chevalet de tir de nouveau modèle, le seul exemplaire qui fût alors confectionné. Le 2 (14) janvier 1856, j'appris que le général en chef de l'armée de Crimée avait résolu d'inquiéter l'ennemi, très resserré à Eupatoria, durant l'hiver, au moyen de fusées de guerre à longue portée, et que, dans ce but, il avait pris des mesures pour en faire confectionner à Nikolaïef; en même temps, le commandant en chef de l'artillerie de Crimée, M. le lieutenant-général Sergboutowski, envoya son aide de camp, le capitaine en second Schklarsky, à Saint-Pétersbourg, afin d'étudier les derniers perfectionnements réalisés dans la fabrication des fusées. Comme on le voit, il ressort, des différentes dates que nous venons de rappeler, que l'idée d'employer des fusées de grand calibre pour agir contre Eupatoria s'est présentée à Saint-Pétersbourg avant que l'on y eût connaissance du projet arrêté en Crimée.

Le capitaine en second Schklarsky, dès son arrivée à Saint-Pétersbourg, fut immédiatement attaché à l'établissement de fusées, conformément à l'ordre de l'inspecteur de toute l'artillerie, qui ordonna également l'envoi des cent huit fusées incendiaires dont nous avons précédemment parlé, et d'un chevalet avec ses accessoires, le tout remis aux soins d'un officier choisi pour cette mission. Le chef de l'état-major de l'inspecteur de l'artillerie me demanda en outre s'il n'y aurait pas moyen de livrer pour la Crimée un plus grand nombre de chevalets, afin d'agir contre Eupatoria de plusieurs points à la fois, et d'expédier avec les fusées deux artificiers de l'établissement, en les remplaçant par des hommes tirés d'autres détachements. Je fis observer 7 (19) janvier 1856, (n° 10) que, comme les chevalets pour la défense du littoral de la Baltique ne pouvaient être terminés avant le 1er (13) mars 1856, il m'était impossible d'envoyer immédiatement en Crimée plus d'un chevalet de ce modèle ; c'était le seul qu'il y eût, et il avait servi aux expériences suivies pour déterminer la meilleure construction de cette partie du matériel des fusées. Toutefois, désirant satisfaire autant qu'il était en moi au désir du chef de l'état-major et sans attendre de nouveaux ordres afin de gagner du temps, je fis aussitôt construire huit chevalets d'un système moins perfectionné, sans doute, que celui définitivement adopté, mais qui suffisaient pour le tir élevé à de grandes distances; et ils purent être exécutés assez à temps pour qu'on les emportât avec les cent huit fusées. Ces chevalets, dont la dépense en matériaux s'éleva à 86 1/2 roubles, étaient prêts le 15 janvier.

Quant au mode d'emploi des fusées contre Eupatoria, je fus d'avis d'amener devant la place fusées et chevalets sur de légères charrettes portant chacune deux caisses de fusées avec une caisse de baguettes et un chevalet avec ses accessoires, ce qui donnait douze fusées complétement équipées et munies de tout ce que réclame le tir. La charge de chaque charrette était de 28 1/2 pouds ou environ quatre cent cinquante-six kilogrammes. Enfin, selon le désir de M. l'aide de camp général Bezack, je proposai de faire accompagner l'envoi par deux de mes meilleurs artificiers, et de les remplacer par deux hommes que je formerais; je pris en outre des dispositions pour que le capitaine en second Schklarsky fût initié à tous les détails de la fabrication, afin qu'il y aidât autant que possible en Crimée. Mais, en même temps, je crus devoir faire observer que la confection des fusées de guerre sur le théâtre même de la lutte, avec des moyens insuffisants, pouvait facilement causer des accidents graves, et qu'avec les chances les plus favorables, l'on ne réussirait guère qu'à obtenir de mauvaises fusées, qui rappelleraient la première époque de leur emploi, lors de la campagne de 1828 contre les Turcs, où nos fusées nous faisaient plus de mal qu'à l'ennemi. J'ajoutais que l'imperfection des fusées pouvait encore avoir cette fâcheuse conséquence de faire naître la défiance contre ce projectile, et de nuire aux progrès des idées plus justes sur son efficacité qui commençaient à pénétrer dans notre armée. Je me permis, en me fondant sur ces considérations, de demander comme une chose d'une importance véritable que, dans la suite, on ne confondît pas les fusées confectionnées à l'établissement de Saint-Pétersbourg avec celles de fabrication locale, soit en Crimée, soit en d'autres endroits où on aurait à en faire préparer sur place, parmi les troupes en campagne. Enfin, je demandais que les fusées sorties de l'établissement ne fussent confiées qu'à des officiers qui eussent été instruits à leur maniement et qui offrissent toutes garanties, comme le capitaine Baluzeck, les lieutenants Jochansen et Oussoff, et d'autres.

Je ne comptais aucunement sur la réussite des fusées qui allaient être préparées en Crimée; toutefois, comme toutes recherches faites dans de nouvelles conditions d'exécution sont très essentielles, surtout en matière de pyrotechnie, et peuvent offrir un grand intérêt scientifique, je jugeai nécessaire de réclamer la communication de tout ce qui serait fait en Crimée pour l'installation d'une fabrication de fusées, de tous les détails des travaux, et, enfin, de tous les résultats obtenus aux essais préalables et à l'emploi.

En cherchant ainsi à profiter de l'expérience d'autrui, j'ai, de mon côté, redoublé d'efforts pour que le fruit de mes travaux et le peu de perfectionnements que je suis peut-être parvenu à réaliser dans la confection des fusées, devinssent en quelque sorte un fonds commun à toute notre artillerie, et j'ai apporté plus de soins encore dans l'instruction du capitaine en second Schklarsky, tant au point de vue de l'usage de guerre que sous le rapport technique.

En réponse à mes diverses observations, on me fit savoir, en date du 17 (29) janvier 1856 (n° 204), que M. l'inspecteur de toute l'artillerie, ayant approuvé toutes mes propositions relatives à l'envoi en Crimée de cent huit fusées avec neuf chevalets, avait confié au département de l'artillerie le soin de rembourser à l'établissement les dépenses de construction des chevalets et d'expédier à Simphéropol les fusées, les chevalets et leurs accessoires. J'étais en outre prévenu qu'on avait donné au chef d'état-major de l'artillerie de l'armée du Sud et des troupes en Crimée, M. le général-major Krijanowsky, copie de mes rapports, afin qu'il les prît en considération dans la fabrication des fusées à Nicolaïef, et pour qu'il m'informât des résultats obtenus. En même temps ce général était prévenu de l'entier assentiment accordé par le chef de l'état-major de l'inspecteur de toute l'artillerie, l'aide de camp général Bezack, aux opinions émises dans mes rapports.

Le général-major Krijanowsky, en réponse à ces communications, annonçait de son côté, le 3 (15) février 1856 (n° 1524), de Bachtchissaraï, qu'il ne comptait pas sur les fusées qui se confectionnaient à Nicolaïef, et qu'on avait pris cette résolution seulement parce qu'il ignorait qu'on dût en recevoir de Saint-Pétersbourg; il ajoutait qu'en ayant été averti, il en avait immédiatement réduit le nombre de deux cents à cinquante, et qu'il n'avait même maintenu ce dernier nombre qu'en vue d'essais comparatifs.

Ces dernières fusées, elles-mêmes, ne furent pas confectionnées.

On fabriqua seulement quelques cartouches et quelques outils pour les charger, tels que tonneau pour apprêter la composition, mouton pour charger les fusées, refouloirs en bois avec armature en bronze, moule pour contenir le cartouche pendant son chargement, machine à forer l'âme de la fusée et quelques autres pièces.

Tous ces objets ont été remis au dépôt d'artillerie de Simphéropol, et les comptes de dépenses ainsi que la description de ce matériel furent communiqués à l'établissement de Saint-Pétersbourg, qui, après examen, reconnut que ni les cartouches ni les outils ne pouvaient y être utilisés : les cartouches, parce que leur dimension n'était pas conforme à celle pour laquelle l'outillage mécanique est organisé, et le matériel de fabrication construit à Nicolaïef, en raison de son imperfection, qui le plaçait même au-dessous des moyens mécaniques que l'on possédait en Russie en 1828. En effet, on avait déjà alors pour charger les fusées des presses au lieu de ces moutons si dangereux pour le chargement, et l'on se servait dès lors de refouloirs massifs en métal. Je me trouvai donc dans l'obligation de faire connaître l'impossibilité de tirer parti des objets préparés à Nicolaïef pour la confection des fusées, ce que je fis par un rapport à la date du 6 (18) février 1857 (n° 209).

A ce résumé historique de l'emploi des fusées dans les armées russes, et de celui qui en a été fait spécialement par les Anglais et par les Français lors de la guerre d'Orient, il faut ajouter que, ni chez les alliés, dans cette dernière circonstance, ni parmi les Russes, depuis qu'ils se servent des fusées à la guerre, on n'a fait usage d'une seule fusée du système autrichien, système qui demande ici quelques mots d'éclaircissement.

Dans les fusées autrichiennes, tout est combiné de manière à obtenir de la fusée le maximum de vitesse initiale, et à concentrer, autant que possible, toute l'action de la force motrice de la fusée à son départ, pendant qu'elle est encore guidée par le chevalet de tir ; de la sorte, le vol des fusées à travers l'espace s'opère, en majeure partie, par la force acquise dès l'origine du mouvement.

Dans ce système, la fusée à projectile explosif est armée d'un projectile sphérique qui s'en détache au moment où elle a acquis sa plus grande vitesse, et celui-ci continue son mouvement comme un projectile lancé par une pièce d'artillerie. Comme détail de construction, nous ferons remarquer que la fusée autrichienne a cela de particulier qu'elle exige des baguettes latérales d'une grande longueur, en quoi elle diffère de beaucoup des fusées françaises et anglaises, aussi bien que des nôtres, qui toutes ont des baguettes concentriques que les perfectionnements tendent à raccourcir de plus en plus.

En réfléchissant aux faits exposés ci-dessus, on arrive à cette conclusion, que tous les faits relatifs à l'usage et aux effets des fusées, observés soit dans la dernière guerre sur le Danube et en Crimée, soit au Caucase, depuis l'époque où les fusées de guerre y ont été introduites, ne fournissent pas de données suffisantes pour se former une idée exacte de l'application à la guerre de toutes les espèces de fusées, car elles n'ont pas toutes été employées dans ces diverses opérations militaires.

M. le général-major Krijanowsky pense que l'on ne saurait avoir avec avantage, dans une armée européenne, au-delà de deux batteries de fusées, et seulement à cheval, pour les attacher aux corps de partisans et agir dans les pays de montagnes. Cette dénomination d'armée européenne n'indique pas suffisamment le nombre des combattants, et, d'autre part, une batterie de fusées n'implique pas l'idée d'une unité aussi précise que celle d'une batterie d'artillerie; il aurait donc fallu nettement expliquer, d'abord, ce que l'on doit comprendre par ces termes, et surtout indiquer le théâtre d'action sur lequel doit opérer cette armée. En définissant exactement l'importance de l'armée, sa destination et l'organisation de la batterie de fusées, on aurait peut-être pu montrer, du moins approximativement, quelle devait être la relation numérique entre ces divers éléments. A cet égard, on n'a aucune donnée sur ce qui regarde la France et l'Angleterre; quant à l'Autriche, l'emploi des fusées a reçu dans ce pays l'application la plus étendue, et nous possédons à ce sujet quelques renseignements précis que nous allons indiquer.

Dans l'effectif de 1831, le corps des raquettiers était formé de cinq batteries de fusées de campagne, d'une batterie de fusées de dépôt et d'une compagnie d'artificiers (*Description de l'artillerie autrichienne*, par Jacobi). Ces batteries se composaient chacune de six chevalets, nombre égal à celui des canons d'une batterie de campagne à cette époque, et portaient 282 1/3 fusées par chevalet.

A l'origine, les batteries de fusées, en Autriche, étaient surtout attachées à l'armée d'Italie; les mouvements de l'artillerie ordinaire rencontrant des obstacles considérables dans ce pays où le terrain est coupé par de nombreux canaux d'irrigation et par des murs d'enclos très multipliés, en raison de l'extrême morcellement de la propriété territoriale.

En 1833, l'armée autrichienne en Italie comprenait :

63,000 hommes d'infanterie;

4,800 hommes de cavalerie;

1,674 soldats d'artillerie, ceux-ci desservant 168 pièces de canon distribuées en vingt-quatre batteries et quatre batteries de fusées, dont deux à pied et deux montées.

D'après l'effectif de 1851, nous voyons qu'à la suite des campagnes d'Italie et de Hongrie, où les batteries de fusées furent essayées sur la plus grande échelle, leur nombre a été considérablement augmenté ; ainsi, sur le pied de guerre, il a été élevé à quinze batteries, dont quatorze ont été réparties dans les différents corps, et la quinzième est affectée au service des troupes échelonnées sur la frontière turque. Chaque corps d'armée, composé d'à peu près trente mille hommes de toutes armes, possède donc une batterie de fusées ayant seize chevalets avec un personnel complet (douze chevalets pour le tir des fusées de six, et quatre pour celui des fusées de douze). Sur le pied de guerre, on compte dans chaque batterie, pour le service de ces chevalets, deux mille trois cent quarante fusées de six, et trois cent soixante de douze. En résumé, l'effectif de 1851 nous fournit les données suivantes :

L'artillerie autrichienne, sur le pied de guerre, présentait cent vingt batteries attelées de huit pièces chacune, formant par conséquent un total de neuf cent soixante pièces, dont le service employait 29,290 hommes et 17,400 chevaux ; les fusées composaient quinze batteries, ayant ensemble deux cent quarante chevalets, et desservies par 4,180 hommes et 2,778 chevaux ; de la comparaison de ces chiffres, il résulte :

1° Que les batteries de fusées entraient pour un huitième dans le nombre total des batteries de l'artillerie de campagne ;

2° Que le nombre des chevalets de fusées allait jusqu'au quart du nombre des pièces ;

3° Que l'effectif du corps des raquettiers était presque le septième de celui de toute l'artillerie ;

4° Enfin, que le nombre de chevaux de ce même corps formait environ le sixième des chevaux de l'artillerie.

Dans les derniers temps, le nombre des batteries de fuséens a été encore augmenté en Autriche, et pendant la guerre d'Orient il a été porté jusqu'à vingt, à côté d'une artillerie formée de 168 batteries de campagne, ainsi que cela est indiqué dans la note présentée en 1855 sur la composition de l'armée autrichienne par M. le comte de Stakelberg, général-major de la suite de Sa Majesté l'Empereur de Russie.

Un pareil développement de l'emploi des fusées, basé sur l'expérience de plusieurs campagnes européennes, ne permet pas, il nous semble, de contester l'utilité de cette arme pour une armée européenne, non-seulement contre des masses indisciplinées, mais même en bataille rangée et sur toute espèce de terrain. Comme preuve, on pourrait citer beaucoup d'exemples empruntés aux opérations militaires des Autrichiens; nous nous bornerons à donner l'opinion du maréchal lieutenant Gauslab, chef de toute l'artillerie autrichienne dans la campagne de Hongrie.

« Les fusées, dit-il, ne doivent ni ne peuvent remplacer « les pièces d'artillerie. Les canons, sous le rapport de la « justesse et de la force du choc des projectiles, ont sur les « fusées une supériorité incontestable; mais les obusiers, « dans le tir élevé, le cèdent en justesse de tir aux fusées « de guerre. Celles-ci présentent de plus, en rase campagne, « cet avantage que la cavalerie ne peut pas tenir contre elles. « Dans la campagne de Hongrie, partout où les fusées ont été « employées contre la cavalerie, celle-ci ne pouvait résister « et était mise en fuite. En conséquence, les fusées, non-seu- « lement peuvent remplacer les canons avec succès et leur « servir d'arme complémentaire, mais, en outre, elles sont « très efficaces contre la cavalerie, et utilement employées en « d'autres cas. » (*Die Feldartillerie und ihre Organisation*, von J. Hütz, München, 1853, page 69.)

Aujourd'hui, dans l'armée autrichienne, toutes les batteries de fusées sont montées comme l'artillerie de campagne. Outre les batteries de campagne, le développement complet des fusées, comme arme de guerre, demande encore des détachements pour tirer les fusées des forteresses et à l'attaque des places; mais nous ne savons rien de ce qui peut avoir été fait en Autriche à cet égard; nous insistons toutefois sur ce point que, dans les armées européennes, à côté des batteries de fusées de campagne, qui peuvent être à pied, montées ou à cheval, selon les circonstances, il est encore indispensable d'avoir des batteries faisant partie de l'artillerie de siége et de l'artillerie de place (1).

---

(1) Voir note n° 2, à la suite du Mémoire.

Quant à l'organisation de l'artillerie de fusées en Russie, il faut, avant tout, avoir de bonnes fusées, et en plus grande quantité qu'actuellement; un personnel capable pour les tirer, et des officiers en connaissant bien l'usage, c'est-à-dire, en d'autres termes, qu'on doit se décider à avoir un établissement pourvu de moyens suffisants pour la bonne confection des fusées, et à donner une organisation convenable aux détachements de fuséens. Alors seulement, et lorsqu'on aura les enseignements de la pratique, on pourra fixer le nombre de batteries à organiser pour le service de terre et de mer en Russie. Mais il est du moins possible de fournir dès à présent quelques indications sur le nombre de fusées qui lui sont nécessaires. Nous y arriverons en présentant quelques données dont ce nombre peut être approximativement déduit :

1° Pour le corps du Caucase, selon l'opinion même du prince Worontzoff, il faudra jusqu'à dix mille fusées par an.

2° En Sibérie, sans donner de chiffres précis, nous estimons que la proportion, par rapport à la force de l'effectif, sera la même qu'au Caucase. De plus, on doit remarquer que l'Asie sera probablement le principal théâtre d'action où nos fusées seront employées, et que nous aurons, avec le temps, à y faire l'application de fusées de toute espèce, c'est-à-dire de fusées de campagne, de siége, de place et de fusées à longue portée. Ce projectile est par excellence l'arme des déserts, et l'artillerie de fusées portée par des chameaux sera sans doute plus efficace que l'artillerie persane, consistant en canons de petit calibre placés sur le dos de chameaux, d'où on les tire.

3° Dans chacun des corps de l'armée, il sera nécessaire d'avoir des batteries de fusées de campagne pour agir en pays de plaine contre la cavalerie, et afin de remplacer l'artillerie ordinaire dans les montagnes, ainsi que dans les pays coupés, et dans les circonstances où elle ralentirait trop les mouvements, soit, par exemple, avec les détachements de partisans, soit dans les reconnaissances, ou enfin quand elle serait trop exposée à être prise par l'ennemi.

4° Dans les guerres offensives, nous aurons besoin de différentes sortes de fusées pour les opérations de siége : de fusées à fougasse pour détruire les ouvrages en terre; de fusées à tir élevé, avec projectiles explosifs et projectiles incendiaires à petite et à grande portée, pour lancer dans l'intérieur des forteresses et pour bombarder les villes ; de fusées à projectiles éclairants, et enfin de fusées de campagne à tir de plein fouet, pour repousser les sorties.

5° Dans la défense des forteresses, il faudra des fusées incendiaires et à projectiles explosifs à longue portée contre les dépôts de l'assaillant, afin, ou de les détruire, ou de l'obliger à les éloigner; des fusées de campagne pour soutenir les sorties et résister aux assauts; des fusées de jet contre les ouvrages découverts de l'ennemi ; des fusées à fougasse pour détruire les travaux d'attaque les plus rapprochés, et enfin des fusées à projectiles éclairants.

Il serait difficile de déterminer aujourd'hui le nombre de fusées qu'exigeront les besoins énumérés dans les paragraphes trois et quatre; quant au paragraphe cinq, relatif à l'armement des forteresses, l'on ne peut donner quelques indications que concernant les fusées à projectiles éclairants. Dans tous les pays, l'artillerie possède des projectiles éclairants, ou balles à feu, pour être tirés dans les pièces ; mais dans aucun, on n'a encore réussi à en faire qui ne se brisent pas, ou dans la pièce même, ou en tombant sur le sol, surtout après quelque temps de garde en magasin. En Russie, le Comité d'artillerie fut chargé de résoudre le problème d'une bonne construction de balles à feu, et il essaya les meilleurs systèmes connus, notamment les systèmes français et saxon, mais sans pouvoir arriver à un résultat complétement satisfaisant.

Enfin, on chercha par des dispositions très coûteuses à obtenir du moins des conditions qui permissent à la balle à feu de supporter l'effet de la charge dans l'intérieur de la pièce. Mais ces expériences n'aboutirent guère, en réalité, qu'à démontrer que la confection de bonnes balles à feu pour le canon était un problème insoluble. Les recherches que l'on fit à l'établissement de fusées, pour lancer des projectiles éclairants au moyen de fusées, n'eurent également, jusqu'en 1847, qu'un médiocre succès, et, lors de ma nomination comme chef de cet établissement, le problème restait encore au nombre de ceux qui attendaient une solution. Après bien des essais, on a cependant réussi à trouver un procédé pour lancer, à l'aide de fusées, tous les modèles de balles à feu, inutilement essayés en Russie pour les pièces d'artillerie, et on est parvenu à construire, pour les fusées, des projectiles éclairants spéciaux qui offrent pour le tir plus d'avantages que les balles à feu de l'artillerie. A la suite d'épreuves réitérées, on se propose, en Russie, de supprimer entièrement le tir des balles à feu par l'artillerie de place. Les balles à feu actuellement en magasin seront lancées au moyen de fusées, et à leur épuisement on les remplacera par les projectiles éclairants spéciaux dont nous venons de parler.

Quant à la quantité de projectiles éclairants nécessaire à l'armement des forteresses, et par conséquent en ce qui concerne le nombre de fusées que réclame ce service, on peut se baser sur les règlements suivants : On compte deux balles à feu par pièce et par nuit, et l'approvisionnement est fixé à six nuits dans l'armement de sûreté, et à quarante nuits dans l'armement de défense. Cela fait donc, pour les licornes de 1 et 1/2 poud et les mortiers de 5, 2 et 1/2 pouds douze balles à feu par pièce dans l'armement de sûreté, et quatre-vingts dans l'armement de défense. Outre cela, il est ordonné d'avoir des carcasses éclairantes pour les mortiers de 5 et 2 pouds, à raison de six pour chaque mortier par nuit, pour six nuits dans l'armement de sûreté, et pour quarante nuits dans l'armement de défense, ce qui fait, par chaque mortier de cinq et de deux pouds, dans le premier cas, trente-six carcasses éclairantes, et dans le second, deux cent quarante.

D'après le Manuel de l'artillerie russe (page 725), l'armement de défense d'une grande forteresse à l'attaque d'un front exige deux cent quatre-vingts pièces, sur lesquelles sont munis de projectiles éclairants :

30 licornes de 1 poud;
80 — de 1/2 poud;
3 mortiers de 5 pouds;
22 — de 2 pouds;
48 — de 1/2 poud.

En se fondant sur ces données, on voit qu'un front attaqué demande un approvisionnement de douze mille quatre cent quatre-vingts balles à feu et six mille carcasses éclairantes, ce qui en nombre total donne dix-huit mille quatre cent quatre-vingts projectiles éclairants, pour une attaque de quarante jours.

D'après les prescriptions que nous venons de rappeler, cent mille projectiles éclairants sont nécessaires pour l'armement de nos forteresses de la circonscription occidentale seulement. Si jamais on ne s'est servi de projectiles éclairants en pareille quantité, dans la défense des places, on doit l'attribuer, surtout à ce motif, que dans aucune artillerie on ne possède, pour tirer avec les pièces d'artillerie, des projectiles éclairants qui répondent entièrement à cette destination. Aussi, presque partout l'on s'applique à perfectionner ces projectiles, non sans espoir de réussir, et les règlements ont été rédigés dans l'hypothèse du succès de ces recherches.

Le nombre de projectiles éclairants, déduit des chiffres cités plus haut, comme nécessaires à la défense d'une forteresse, peut paraître très considérable ; toutefois, il ne semble pas excessif si l'on prend en considération la nécessité où l'on est d'éclairer chaque nuit le terrain en avant du front attaqué, pour surveiller les entreprises de l'ennemi. En effet, en admettant en moyenne, pour chaque nuit, six heures d'obscurité, pendant lesquelles on doive recourir aux projectiles éclairants, les chiffres cités plus haut donnent soixante-dix-sept projectiles par heure ; et comme le temps de la combustion d'un projectile ne dépasse pas trois minutes, c'est en définitive trois ou quatre projectiles brûlant en même temps, nombre à peine suffisant, sans contredit, pour éclairer tout le développement d'un front attaqué.

Ainsi, on voit que nos forteresses doivent être déjà approvisionnées, outre les autres espèces de fusées réclamées pour la défense et les signaux, d'une assez grande quantité de fusées spécialement réservées au service des projectiles éclairants; il faut de plus compter, par front attaqué, quatre chevalets au moins accompagnés de leurs servants. Il résulte naturellement de ces données la formation indispensable, comme complément de la garnison de chacune de nos forteresses, d'une compagnie de fuséens, avec un approvisionnement considérable.

Les faits que fournissent les siéges de Sébastopol et de Bomarsund justifieraient aisément la nécessité de projectiles éclairants pour la défense des places, et le bombardement de Sweaborg nous offre une preuve décisive de l'importance qu'il y a d'éclairer l'espace au-dessus de la mer pour les forteresses situées sur les côtes. On sait, en effet, que l'ennemi a profité devant cette place de l'obscurité de la nuit pour faire approcher des embarcations à rames, afin d'en tirer des fusées.

Or, il n'y a qu'un seul moyen d'éclairer l'espace au-dessus de la mer, c'est l'emploi des balles à feu soutenues par des parachutes, et leur tir n'est possible qu'avec des fusées. On a essayé à Revel en 1855 cette application dans des expériences dont le résultat fut communiqué par l'aide de camp général Grabbe, au ministre de la guerre, en date du 9 octobre 1855 (n° 1308). Cet officier-général annonçait que le tir de trois fusées avait prouvé que quatre ou cinq fusées lancées simultanément, suffisaient pour éclairer toute la ligne de défense de la côte de Revel et une grande partie de la rade, et que ce genre de fusées pouvait rendre de grands services en certaines circonstances. A la suite de ce rapport, l'aide de camp général Grabbe demanda l'envoi à Revel d'un approvisionnement de ces projectiles, et on décida que tous les points de défense sur le littoral de la Baltique en seraient pourvus; l'exécution de cette mesure fut seulement abandonnée par la suspension des hostilités. Aujourd'hui il est question de distribuer des fusées avec différentes espèces de projectiles éclairants, dans toutes nos forteresses et au Caucase pour les tirs annuels d'instruction.

Comme exemple d'un terrain éclairé avec un succès complet, au moyen de balles à feu à parachute, on peut citer le feu d'artifice tiré à Moscou, à l'occasion du couronnement de l'empereur Alexandre II. Sur quatre cent deux fusées de guerre de deux pouces, qu'on fit alors partir avec différentes garnitures, on lança cent deux fusées avec balles à feu à parachute, par bouquets de trente-six fusées au plus et de six au moins, et malgré le brouillard intense qui planait au-dessus des arbres, et au milieu duquel allaient se perdre les fusées, le terrain s'éclairait sur une étendue qui n'avait pas moins de trois verstes de diamètre.

6° La défense de nos côtes demandera également des fusées incendiaires et à explosion; malgré leur peu d'efficacité contre les bâtiments, elles peuvent être néanmoins utiles pour agir à des distances inaccessibles à l'artillerie ordinaire, et comme auxiliaire des détachements volants chargés de la surveillance du littoral.

7° Avec le temps on aura probablement besoin, dans la marine, de fusées pour armer toutes les embarcations à rames, et pour former à bord des bâtiments des dépôts destinés aux grandes opérations. Rappelons de nouveau, à ce sujet, que pour brûler Copenhague en 1807, les Anglais se sont surtout servis de fusées et en ont lancé jusqu'à quarante mille.

Si l'on prend en considération les différents cas que nous avons indiqués, qui tous exigent l'emploi des fusées; si en outre on se rappelle que les fusées, comme du reste tous les produits de la pyrotechnie militaire, ne sont pas susceptibles d'une conservation indéfinie, on arrivera, il me semble, à cette conclusion, qu'il faut en Russie un établissement capable de confectionner au moins cent mille fusées par an. En Autriche, l'établissement de Viener-Neustadt peut en livrer cent vingt mille par an, et on construit en ce moment en Angleterre, à Wolvich, comme nous avons déjà eu occasion de le remarquer, un établissement assez puissamment monté pour confectionner cinq cents fusées de guerre par jour, ainsi que nous l'apprend une note sur l'arsenal de Wolvich, insérée dans le journal anglais : « CIVIL ENGINEER AND ARCHITECT JOURNAL, » par M. John Anderson, inspecteur des machines de l'arsenal de Wolvich. Cette note a été reproduite dans le deuxième numéro du *Journal polytechnique allemand*, de Dingler (juillet 1857).

Dans ses observations, le général-major Krijanowski dit que les bâts pour le transport des fusées n'auraient pas dû être du modèle adopté. Sa critique aurait eu bien plus de force, s'il avait indiqué celui qui lui semblait préférable; il eût ainsi contribué à améliorer le bât actuel. Les bâts expédiés avec les fusées à l'armée du Midi, au Danube, conformément à ma proposition, ont été construits sur le modèle de ceux employés au Caucase pour le transport des fusées, exécutés avec leurs caissons, à ma propre sollicitation, à l'arsenal de Saint-Pétersbourg, sous l'inspection du commandant de la batterie modèle d'artillerie à pied, qui possède une section d'artillerie de montagne avec tout son matériel.

Au Caucase, les bâts pour le transport des fusées, et en général toute l'organisation de ce service a été établie sous la direction du prince Worontzoff lui-même, et tous les renseignements à ce sujet, y compris les dessins détaillés des bâts et des caissons, ont été communiqués à l'établissement par suite de la demande que j'en fis en 1852. Récemment, en outre, j'ai demandé officiellement qu'on réclamât du général-major Krijanowski des explications plus circonstanciées sur les inconvénients que présentent, à son avis, les bâts adoptés pour le transport des fusées.

M. le général-major Krijanowski prétend aussi que les fusées à longue portée doivent être exclusivement incendiaires. A cet égard, nous ferons remarquer que les fusées à projectiles explosifs peuvent être très utiles en les employant simultanément avec les premières. En effet, elles éloignent l'ennemi par la crainte de leur explosion, et l'empêchent ainsi de s'opposer à la propagation de l'incendie allumé par les fusées incendiaires.

Pour terminer, nous croyons devoir citer l'opinion du maréchal Marmont sur les fusées dont il était grand partisan, opinion qui reçoit une autorité considérable des débuts spéciaux de sa carrière militaire, et, du reste, de toute sa vie d'homme de guerre. Le maréchal Marmont, duc de Raguse, dont les Mémoires viennent de fixer si vivement l'attention publique, débuta comme artilleur à Toulon, et se trouva ensuite au même titre au blocus de Mayence; plus tard, il commandait l'artillerie au passage du mont Saint-Bernard, et il contribua beaucoup dans la même position au gain de la bataille de Marengo.

Sans le suivre dans le développement de sa fortune sous l'empire, où, comme chef de corps d'armée, il eut à s'occuper moins spécialement de l'artillerie, nous nous bornerons à rappeler que le maréchal Marmont, après avoir renoncé pour un temps au service actif, au retour des Bourbons, commença à reparaître sur la scène de l'action politique et militaire en 1819, comme président d'une Commission constituée pour examiner le projet présenté par M. Paixhans dans son ouvrage : NOUVELLE FORCE MARITIME ET ARTILLERIE. Cet officier proposait, comme on le sait, de créer pour la défense des côtes de la France une flotte à vapeur armée d'une artillerie formidable, basée sur de nouveaux principes, pour lancer des projectiles creux de grand calibre, à plein fouet (1).

---

(1) Le choix des membres de cette commission est très remarquable, et prouve l'estime qu'on fait en France de la science abstraite et des connaissances spéciales pour l'étude des questions les plus pratiques : ce furent, pour les principaux, le lieutenant-général marquis de Dessolles, ministre d'État et pair de France; l'auteur de la Mécanique céleste, le marquis de la Place, pair de France, membre de l'Académie des sciences et de l'Académie française; le vice-amiral comte de Rosili, membre de l'Académie des sciences et directeur du dépôt de la ma-

Le maréchal Marmont se montra partisan décidé des idées de M. Paixhans et exerça une grande influence sur leur adoption, surtout en ce qui concerne le système de l'artillerie.

En 1825, le maréchal Marmont représenta la France au couronnement de l'empereur Nicolas. Sa dernière participation aux affaires politiques fut la lutte qu'il soutint contre le peuple de Paris pendant les journées de juillet 1830. On se rappelle que Charles X lui avait confié le commandement des troupes pour défendre le pouvoir royal, et comment ses efforts furent stériles, Le résultat de cette bataille de trois jours dans les rues de Paris, résultat qu'il avait prévu dès l'origine, l'obligea à quitter pour toujours la France, et à se retirer en Autriche. C'est là qu'il eut occasion d'étudier de plus près les fusées, et il a développé son opinion sur cette arme, dans l'ouvrage publié par lui en 1845, sous ce titre : *De l'esprit des institutions militaires.* On lit page 79 : « On a créé, depuis peu d'années, deux espèces « d'artillerie, dont à mon avis les effets sont merveilleux, « si on sait en tirer partie à la première guerre : les fusées à « la Congrève, pour la guerre de campagne, et les pièces de « canon dites à la Paixhans, pour la défense des côtes et des « places... les fusées à la Congrève, qui ont reçu successive- « ment un grand perfectionnement et qui sont dirigées au-

---

rine; le lieutenant-général comte Vallée, chef du matériel de l'artillerie de terre; le général baron de Tiron, inspecteur général de l'artillerie de marine; le général baron Evains, directeur de l'artillerie et du génie au ministère de la guerre; et enfin, M. Rolland, inspecteur des constructions de la marine. De son côté, l'Académie des sciences nomma, pour lui faire un rapport sur les propositions de M. Paixhans, une commission dont fit partie M. Charles Dupin.

« jourd'hui avec une assez grande justesse, forment une « artillerie qui peut devenir une arme principale par le « développement dont elle est susceptible dans l'application. « En effet, quand l'arme se compose seulement des projecti- « les que l'on emploie ; quand aucune machine n'est néces- « saire pour les lancer, et qu'on ne présente au feu de l'en- « nemi aucune surface pour la direction de ses coups ; quand « enfin, par des dispositions très simples, on peut donner mo- « mentanément à ce feu un développement tel que le front « d'un seul régiment soit couvert par une pluie de boulets, « représentant le feu d'une batterie de cent pièces de canon ; « alors les moyens de destruction sont tels, qu'il n'y a plus « de lutte possible en suivant les règles et les principes que « l'art actuel de la guerre a consacrés.

« ... Cette nouvelle artillerie prend une grande impor- « tance en mille circonstances où l'artillerie à canon ne joue « aucun rôle. Dans les montagnes, on transporte aujourd'hui, « à grand'peine, un petit nombre de pièces qui y fait peu « d'effet. Avec des fusées, on a une arme à longue portée qui « se trouve établie partout et à profusion, sur la cime des « rochers, comme sur les plateaux inférieurs. Dans les plai- « nes rases, chaque édifice est transformé en forteresse, et « le toit d'une église de village devient à volonté la plate- « forme d'une batterie formidable. En un mot, cette inven- « tion telle qu'elle est, et avec le perfectionnement qu'elle « comporte encore, se prête à tout, se plie à toutes les cir- « constances, à toutes les combinaisons, et doit prendre un « ascendant immense sur le destin du monde.

« On ne réfléchit que peu à peu à la nature des choses. « On agit longtemps par routine, sans se préoccuper des « modifications et améliorations possibles ; aussi ne saura-t- « on qu'à la longue apprécier la puissance des fusées à la « Congrève. Après le succès de l'emploi des fusées à la Con-

« grève dans une campagne, il est évident qu'on les adoptera « dans toutes les armées ; alors l'équilibre se rétablira, et il « n'y aura plus d'avantage exclusif pour personne. Mais l'art « de la guerre en sera puissamment modifié. Les actions plus « vives et d'un effet moral plus grand rendront les batailles « plus courtes, diminueront l'effusion du sang ; car ce qui « donne la victoire n'est pas le nombre des hommes que l'on « tue, mais de ceux qu'on effraie.

« Je le répète, les fusées à la Congrève doivent opérer une « révolution dans l'art de la guerre ; et elle fera d'abord le « succès et la gloire du génie qui le premier en aura compris « l'importance et développé tous les avantages qu'on peut en « attendre. »

Pour montrer la sûreté de jugement du maréchal Marmont et la justesse de son coup d'œil militaire, nous citerons un extrait de son voyage dans la Russie méridionale, publié en 1837. En visitant Sébastopol, il écrit :

« On y a construit (à Sébastopol) une forteresse ; mais on « ne devine pas quelle pensée a présidé au choix de son em- « placement. Placée au nord du port, sur une hauteur assez « éloignée de la mer, elle ne couvre pas la ville, dont elle est « séparée par le port, et ne défend ni le port, ni l'entrée, « étant trop éloignée de la mer. Elle ne remplit donc aucun « objet, et n'a aucune espèce d'utilité. La ville aurait besoin « d'être défendue, et la chose est facile, en construisant quel- « ques forts, de petites dimensions, pour couronner les hau- « teurs qui la dominent.

« En général, toutes les places militaires qui renferment « des établissements militaires importants devraient être for- « tifiées, d'abord à cause des richesses qui y sont déposées, « et ensuite parce que les garnisons en sont toutes trouvées, « puisqu'elles peuvent se composer, pour un cas imprévu,

« du personnel de la marine, qui, en plus ou moins grand « nombre, y existe constamment. . . . .

« ... D'après la disposition générale sur la marine, en « Russie, l'escadre de la mer Noire doit être forte de quinze « vaisseaux, et celle de Cronstadt de trente. Il semblerait « que la disposition inverse serait mieux appliquée aux évé- « nements que l'on peut prévoir. Une escadre russe de trente « vaisseaux, aux Dardanelles, et abritée sous l'appui des « forts qui défendent ce passage, près de ses ressources et de « ses moyens, tiendrait en échec les escadres de France et « d'Angleterre, et les forçerait à rester armées; ce qui, à la « longue, deviendrait ruineux pour ces puissances. Les esca- « dres combinées s'affaiblissent-elles, l'escadre russe sort et « donne des lois à cette partie de la Méditerranée. Revien- « nent-elles, elle rentre et se trouve toujours menaçante, « quoique en sûreté. Une escadre de trente vaisseaux à « Cronstadt ne paraît pas avoir une semblable utilité.

« La dignité de la capitale exige sans doute que les ave- « nues soient protégées; mais il suffit que cette force puisse « imposer à la fois à la Suède et au Danemark, et sans doute, « pour remplir cet objet, il y a assez de quinze vaisseaux; « les Anglais n'enverront pas une escadre dans la Baltique, « dans cette mer orageuse et inhospitalière, pour se ruer sur « des côtes de fer; et si, pour un but déterminé ou momen- « tané, ils devaient se résoudre à ce parti, il serait peut-être « plus sage à l'escadre russe, fût-elle même de trente vais- « seaux, de ne pas se commettre avec l'escadre anglaise, qui « serait sans doute au moins d'égale force, et d'attendre du « bénéfice de la saison une délivrance certaine, au lieu de « tenter les chances d'un combat.

« Ainsi cette grande et forte escadre ne rendrait aucun ser- « vice à la Russie, tandis que, placée au Midi et dans la mer « Noire, elle serait d'un poids décisif et agirait au lieu même

« où les plus grandes questions doivent être débattues. » (*Voyage du maréchal duc de Raguse en Hongrie, en Transylvanie, dans la Russie méridionale, en Crimée, etc. Paris, Ladvocat*, 1837, *pages* 279 *à* 283.)

Cet avis, on ne doit pas l'oublier, était exprimé par Marmont en 1834, c'est-à-dire, vingt ans avant que les événements ne vinssent lui donner raison.

Revenons maintenant une dernière fois aux observations du général-major Krijanowski : nous reconnaissons qu'elles sont présentées d'une manière très spirituelle et leur lecture provoque volontiers un sourire ; le même, peut-être, que celui par lequel les officiers français répondirent d'abord aux questions qu'il leur adressait; mais il est permis de se demander s'il se rapportait bien à l'effet des fusées? Il est naturel, en effet, qu'on pense que le meilleur juge de l'efficacité d'un projectile soit celui qui l'a reçu plutôt que ceux qui l'ont envoyé; en ce sens, on peut bien supposer que les questions de celui qui a été frappé sont très capables d'exciter le sourire de celui qui a porté le coup; et nous ne voyons pas que la conclusion à en tirer doive nécessairement s'appliquer au plus ou moins d'effet du projectile par lequel le coup a été porté.

Lorsque ce Mémoire était déjà rédigé, j'ai reçu du lieutenant-colonel d'artillerie de marine Pestich, à qui fut confiée, pendant tout le temps du siége de Sébastopol, la direction du matériel de l'artillerie de la marine, les renseignements les plus complets sur l'effet des fusées contre Sébastopol. Ces renseignements ont une valeur considérable, comme témoignage d'un artilleur expérimenté, qui a pris part à tout ce qu'il raconte. Nous n'avons à ajouter qu'un détail à cette note remarquable, c'est que son auteur a reçu la croix de Saint-Georges de quatrième classe en récompense du courage et de l'habileté qu'il déploya le 26 août (7 septembre) 1855 pour éteindre l'incendie causé par une fusée ennemie dans l'intérieur du principal magasin à poudre de Sébastopol, établi dans le fort Nicolas; magasin qui contenait l'énorme quantité de deux mille pouds de poudre.

A l'époque de la rédaction de ce Mémoire, M. le lieutenant colonel Pestich résidait à Kronstadt, tandis que mon service me retenait constamment à Saint-Pétersbourg, en sorte que je ne pus le voir pour qu'il me communiquât verbalement ses souvenirs. Je me suis alors adressé à lui afin qu'il me les transmît par écrit; ses nombreuses occupations ne lui ont pas permis de me répondre immédiatement; mais, sur mes instances réitérées, il a bien voulu me faire une communication que j'ai cru devoir annexer en entier à mon Mémoire, craignant d'en affaiblir la force et l'intérêt si je me bornais à en donner des extraits.

COMMUNICATION

DE

M. le lieutenant-colonel d'Artillerie de marine PESTICH, sur l'effet des Fusées contre Sébastopol (1).

Les calibres et la construction des fusées de guerre se modifiaient à chaque période de l'attaque, conformément aux besoins et aux circonstances. Les premières fusées se montrèrent à Sébastopol le second jour du premier bombardement, où les Anglais agirent principalement contre le troisième bastion et la tour de Malakoff, et les Français contre le quatrième bastion et la première ligne de défense; le but de ce premier tir des fusées fut d'atteindre le personnel des batteries et les réserves placées à proximité. Ces fusées étaient confectionnées dans les conditions suivantes: presque toutes

(1) Cette note m'a été remise avec la lettre suivante : « J'ai eu l'honneur de recevoir votre lettre du 26 février (n° 134), dans laquelle vous me priez de vous communiquer des renseignements sur l'usage des fusées de guerre contre Sébastopol; en y répondant, je me fais un devoir de prévenir Votre Excellence que, peut-être, les renseignements qu'elle attend de moi seront loin d'être suffisants, pour arriver à une conclusion précise sur cette nouvelle arme. Cela tient à ce que toutes mes notes, aussi bien en ce qui concerne les fusées de guerre que les autres projectiles de l'ennemi, ont été détruites à l'explosion qui a eu lieu dans le port de Grafskoï, par l'effet d'une fusée ennemie. Ne pouvant donc compter que sur ma mémoire, je prie Votre Excellence de m'excuser, si mes renseignements sont incomplets, et si, en vous les présentant, je ne suis pas l'ordre dans lequel les choses se sont passées. »

étaient munies de projectiles explosifs, cylindro-ogivals, dont le fond, tourné vers le massif, contenait un œil dans lequel était logée une espolette ordinaire, en bois, vissée, pour les fusées anglaises, dans un pas de vis taraudé dans l'œil même du projectile, et simplement enchâssée dans l'œil du projectile pour les fusées françaises.

Les baguettes étaient centrales, prismatiques, de longueurs différentes ; les plus longues que j'eus l'occasion de voir avaient dix pieds, et les plus courtes sept pieds ; le calibre des fusées était de 3,3 et 3,5 pouces ; la longueur des cartouches de vingt pouces ; les portées atteignaient mille sagènes. Le vol de ces fusées était assez irrégulier, et subissait de fortes déviations par l'effet du vent latéral qui les faisait remonter contre le vent lui-même, vraisemblablement par suite de la longueur des baguettes. Tel était le mode de construction des fusées lancées dans la première période du siége ; le tir en cessa avec la fin du tir des batteries ennemies.

Plus tard, en janvier 1855, le tir des fusées recommença, mais dans des conditions très différentes, tant sous le rapport du but que sous celui de la construction même. Ce n'était plus les batteries qu'on cherchait à atteindre, mais bien la ville elle-même, et le côté nord de Sébastopol, où était aggloméré, outre la garnison, un grand nombre d'habitants, venus se loger dans les parties où les projectiles de l'artillerie n'arrivaient pas à cause de l'éloignement.

A l'ouverture du feu des fusées, on ne put plus trouver d'abri nulle part : leur portée était si considérable, comparativement aux premières qu'on avait lancées, que les fusées de la batterie anglaise, située sur la hauteur, entre le ravin des docks et le ravin du Laboratoire, tombaient sur le côté nord, en franchissant un espace qui n'était pas moindre de six verstes ; la batterie française était placée derrière le port de la Quarantaine, et les fusées qui en partaient arrivaient jusqu'au côté du nord, auprès de la batterie n° 4, ce qui fait une distance de six verstes et demi. Enfin, dans les derniers temps, une batterie établie par les Français sur une des hauteurs de la Sapoun-Gora, auprès de la batterie Canrobert, lançait des fusées jusque dans l'Outch-Kouevkou, ce qui faisait une distance de sept verstes au moins. C'est ainsi que s'inaugura le tir des nouvelles fusées à longue portée : on en tira fort peu d'abord, mais au retour du printemps, et avec le beau temps, le tir en fut augmenté.

Toutes les fusées, françaises comme anglaises, étaient armées de projectiles explosifs et de projectiles incendiaires ; en outre, dans quelques-unes d'entre elles, le chapiteau était rempli de poudre, probablement pour agir comme fougasse.

Les projectiles explosifs des fusées à longue portée étaient semblables à ceux des premières fusées; les projectiles incendiaires étaient formés d'un chapiteau cylindro-conique, rempli de composition incendiaire; la longueur totale du chapiteau était d'un pied, et quelquefois plus, selon le calibre de la fusée; il était fait de tôle épaisse, et contenait plus de six livres de composition incendiaire; dans le haut de la partie conique était coulé 1 1/2 livre de plomb, probablement pour rapprocher le centre de gravité de la fusée de son sommet, et pour augmenter la force du choc; dans la partie cylindrique du chapiteau étaient disposés cinq orifices destinés à livrer passage à la flamme de la composition incendiaire; la communication du feu du massif de la fusée à la composition incendiaire se faisait au moyen d'une espolette d'où partaient, dans toutes les directions, des conduits cylindriques aboutissant aux orifices latéraux du chapiteau. L'espolette traversait un sabot en bois, logé entre le massif et la composition incendiaire.

Le chapiteau était réuni au cartouche de la fusée par quatre goupilles en fer. Pour les fusées de même calibre, les chapiteaux incendiaires avaient des dimensions moindres que ceux à fougasse; ces derniers contenaient plus de huit livres de poudre.

Je ne comprends pas le but de ces fusées à fougasse lancées contre Sébastopol; qu'on les tirât contre nos batteries, je le conçois, car elles pouvaient, par l'explosion, détruire nos parapets; mais je ne vois pas aussi bien leur utilité contre les édifices de la ville; quant à ce qui concerne le mal qu'elles pouvaient causer aux habitants et aux troupes, j'ai vu des fusées à fougasse faire explosion, et elles le cédaient en effet aux obus des fusées, vu la moindre épaisseur des parois du projectile; j'en ai vu d'autres qui n'avaient pas même éclaté. La fusée incendiaire est préférable, car elle a cet avantage, de mieux incendier, par sa combustion lente, que ne le fait la fusée à fougasse par son explosion instantanée.

Les fusées à longue portée offraient des calibres différents: le plus grand que j'aie vu était de six pouces pour les fusées anglaises, de 5 1/2 pouces pour les fusées françaises. La longueur du cartouche était de trois pieds, et celle de la baguette de six pieds; le plus petit calibre des fusées de moyenne portée était de 3,6 pouces; elles faisaient exclusivement partie de l'artillerie française, et se distinguaient par le peu d'élévation de leur trajectoire. J'indiquerai en son lieu l'époque de leur tir. Le calibre le plus en usage pour les fusées à longue portée était de 4 et de 4,2 de pouces, avec un cartouche de 2 à 2 1/3 pieds de longueur.

Le culot était en fer épais, avec cinq orifices au milieu desquels il y avait une ouverture de 1 1/2 pouce, taraudée intérieurement pour recevoir la vis de la baguette. La qualité des cartouches et leur soudure méritent d'être particulièrement signalées. J'ai vu des fusées, tombant sur un terrain pierreux, se pelotonner par l'effet du choc, et prendre la forme d'une boule de papier, sans qu'aucune partie du cartouche laissât apercevoir une déchirure, ou même une fissure. Voici la raison pour laquelle les cartouches se font en tôle mince : ainsi construits, ils ne surchargent pas la fusée, et résistent en même temps à la tension des gaz que produit une composition très forte.

Avec les nouvelles fusées à longue portée, apparurent des baguettes beaucoup plus courtes que les précédentes, non prismatiques, mais cylindriques, cannelées, évidées au centre, et dont la section transversale entre les côtes des cannelures égalait presque le diamètre du cartouche, ce qui suppléait à la longueur des anciennes baguettes ; les cannelures et le vide intérieur allégent en outre de beaucoup la baguette. Les baguettes françaises cannelées, les plus longues que j'aie vues, avaient quatre pieds ; les plus courtes 3 1/2 ; les baguettes anglaises de calibre correspondant avaient six pouces de plus. Le vide cylindrique de toutes ces baguettes était d'environ un pouce de diamètre. En général, la différence entre les fusées anglaises et les fusées françaises consistait dans la dimension du calibre, qui ne dépassait pas trois à cinq lignes. Enfin, les fusées anglaises étaient plus fréquemment armées de projectiles explosifs que les fusées françaises. Dans les derniers temps, les fusées françaises étaient principalement incendiaires, et leur effet était plus certain que celui des projectiles explosifs. Il ne paraît pas que la durée du siége ait eu quelque rapport avec le développement du tir des fusées, qui dépendait probablement davantage des arrivages. Par contre, l'état atmosphérique jouait un grand rôle dans ce tir, pour lequel on choisissait, habituellement, les moments de calme dans l'air. C'était surtout la nuit que les fusées étaient lancées, évidemment en vue d'accroître l'inquiétude de la garnison, et sur ce calcul que les édifices ou les bâtiments incendiés ne sauraient être secourus aussi facilement de nuit que de jour. Les batteries de fusées de nos adversaires étaient placées principalement sur les hauteurs, sans doute afin d'observer plus aisément le mouvement des fusées et le point de leur chute. Ces batteries étaient toujours hors de la portée de nos canons, et par cela même, il a été impossible d'en étudier exactement la disposition. Je n'ai donc pu me faire une idée précise de la forme des chevalets ennemis; quelquefois seulement, quand, au milieu de l'obscurité, la gerbe de la fusée éclairait tout à coup et vivement l'horizon, on apercevait bien un trépied debout, mais il était difficile de remarquer s'il portait un tube ou un auget. Chaque batterie était formée de trois, et quelquefois de cinq chevalets, qui tous avaient des directions différentes; ainsi la batterie anglaise placée sur la hauteur, entre le ravin des docks et celui du Laboratoire, tira en mars et en avril, en pointant constamment un chevalet contre la ville, un autre contre le port, où étaient amarrés les vaisseaux, et un troisième contre le côté nord. L'angle de tir pour produire de longues portées ne devait pas être au-dessous de 50°. La régularité du vol des fusées variait plus ou moins, selon l'état de l'atmosphère et selon la distance; on ne pouvait guère juger, d'ailleurs, des déviations latérales, ne connaissant pas exactement la direction du tir; parfois, rarement du reste, les fusées éclataient au début de leur course, en quittant le chevalet; d'autres fois, après avoir franchi le quart de la distance, ou même moins, elles se mettaient à tourbillonner en hélice, et tombaient ensuite à terre presque verticalement.

A la suite de cet aperçu sur la construction et sur la disposition des batteries des fusées ennemies, je vais essayer d'exposer, autant que je puis me le rappeler, le dommage qu'elles causèrent à Sébastopol dans tout le cours du siége. L'emploi des fusées de guerre, durant le premier bombardement, où on tirait principalement des fusées à projectile explosif contre les batteries, ne fit pas un mal bien considérable, parce que leur tir était assez irrégulier, et l'ennemi jetait avec tant de profusion sur nos batteries des bombes et des boulets, que, s'il y eut quelques hommes tués ou blessés par des fusées, ce qui ne fait pas doute, on ne le remarqua point.

Plus tard l'ennemi se rendit apparemment mieux compte de l'effet produit, et reprit son tir avec des fusées à longue portée, incendiaires et à explosion, tout à la fois pour nuire aux édifices et aux navires amarrés dans le port, et pour jeter l'alarme parmi les habitants des parties éloignées de la ville, jusqu'où n'arrivaient pas encore les projectiles de l'artillerie. En février, des fusées de dix centimètres commencèrent à tomber sur la place Nicolas et dans l'amirauté, et l'une d'elles, vraisemblablement à fougasse, pénétra dans le sol durci de la place à cinq pieds de profondeur, et fit un entonnoir de quatre pieds de diamètre. Une des fusées incendiaires arriva dans la fonderie au moment où je coulais des flasques en fonte pour affûts de mortier, traversa le toit, puis un mur en brique, de faible épaisseur, il est vrai, formant séparation intérieure, et enfin mit le feu dans l'atelier aux modèles en bois; l'incendie fut heureusement éteint, mais un ouvrier fut blessé a la tête par un éclat de tuile.

Au mois de mars, deux incendies produits par les fusées éclatèrent dans la partie de la ville nommée Artilleriskaïa-Slobodka, et une remise en bois fut entièrement détruite. Une fusée incendiaire pénétra également par une fenêtre dans l'appartement du comte Sacken, chef de la garnison de Sébastopol, et on eut beaucoup de peine à éteindre l'incendie qu'elle alluma dans les chambres.

La partie de la ville nommée Artilleriskaïa-Slobodka a été surtout visitée par les fusées, qui y causèrent de nombreux incendies, dont on se rendit d'ailleurs promptement maître, grâce aux mesures de prévoyance qui avaient été prises. Il y eut des blessés et des tués, mais, à ce moment, on s'y arrêtait peu.

En avril, l'ennemi prit de préférence pour but les vaisseaux amarrés dans le port; mais ceux-ci, formant en quelque sorte des points imperceptibles, au milieu de la vaste étendue des eaux, les fusées se perdaient plus fréquemment dans la mer qu'elles ne touchaient les navires; très souvent des fusées, n'ayant plus que quelques pieds à franchir pour atteindre le but, tombaient à l'eau à côté même d'un bâtiment, sans avoir pu y arriver; d'autres, au contraire, passaient par dessus, et allaient s'éteindre dans l'eau à une faible distance du vaïsseau. Les mêmes faits se reproduisaient, du reste, avec le tir des projectiles de l'artillerie ordinaire, lancés dans les derniers temps pour détruire la flotte. Cette incertitude de tir doit être principalement attribuée à la faible dimension qu'un vaisseau présente pour le tir à grandes distances, à quelque projectile que ce soit. Je me rappelle à ce sujet que, lorsqu'on commença à jeter un pont à travers la baie qui sépare Sébastopol du fort du Nord, l'ennemi ouvrit aussitôt le feu, et, jusqu'à la complète exécution des travaux, qui demanda un mois entier, les pièces de la batterie française ne cessèrent de tirer jour et nuit, à des intervalles de quelques minutes, d'affûts disposés pour le tir élevé; la distance n'était que de mille six cents sagènes, et durant toute cette canonnade, il n'y eut cependant pas plus de cinq boulets qui atteignirent le pont, et sans causer aucun dommage.

En ce qui concerne la force de pénétration des fusées, j'ai fait les observations suivantes : Bien que leur vitesse fût considérable, le choc des fusées contre les murs épais en pierre dure, comme il s'en trouvait en grand nombre à Sébastopol, avait peu d'efficacité, ce qui tenait à ce que leur enveloppe métallique n'offrait pas la même solidité que les projectiles ordinaires; elles ne faisait alors qu'une faible brèche, dont la profondeur n'allait pas au-delà de six pouces; mais celles qui pénétraient dans les maisons, et la plupart du temps par la toiture, traversaient le toit, le plafond, et quelquefois le plancher de l'étage supérieur; c'est ainsi qu'une fusée, tombant sur la maison de Krasilnikoff, traversa ce triple obstacle, et vint allumer un incendie au rez-de-chaussée.

Les murs en pierre de grès, de faible épaisseur, ont été percés d'outre en outre dans quelques maisons, et les fusées qui arrivaient au côté du Nord, sur un terrain peu dur, y sont entrées jusqu'à sept pieds. A la fin de mai et au commencement de juin, le tir des fusées augmenta d'activité; il est à observer que, dans cette période, quelques-unes des fusées françaises avaient un tir extrêmement rasant. La batterie française, placée derrière la baie de la Quarantaine, lançait à travers toute la ville, en les dirigeant, comme nous l'avons dit, contre la place Nicolas et l'amirauté, des fusées du calibre de trois pouces, munies de baguettes courtes et avec un cartouche dont la longueur n'allait pas au-delà de dix-huit pouces; la distance que ces fusées avaient à franchir était supérieure à quatre verstes, et néanmoins beaucoup d'entre elles allèrent au-delà de l'amirauté, et même du quai du port de Grafskoï, et tombèrent dans le port en faisant encore un ricochet.

Le 5 17) juin, la veille même du premier assaut, les fusées, aussi bien que les bombes et les boulets, pleuvaient véritablement sur la ville; les fusées passaient au-dessus des têtes, se suivant l'une l'autre presque sans interruption; en me rendant, à ce moment, chez feu l'amiral Nachimoff pour demander ses ordres, je me souviens avoir aperçu, rangé dans la rue, le régiment des chasseurs d'Odessa, et j'appris plus tard que, durant cette terrible nuit, il avait éprouvé de grandes pertes, tant en tués que blessés, par cette quantité de fusées que les Français nous envoyaient de leurs batteries.

Le 6 (18) juin, à huit heures du matin, après que le fameux assaut eut été repoussé de toutes parts, une des fusées fit sauter un magasin de l'artillerie de terre, situé près du port de l'artillerie, et qui renfermait plusieurs milliers de bombes et de grenades toutes chargées; par suite de l'explosion, un magasin voisin, contenant du matériel d'artillerie, fut brûlé.

A l'affaire de la Tchernaïa, le 4 (16) août, l'ennemi lança des hauteurs de Sapoun-Gora des fusées contre notre cavalerie placée en réserve; mais, ne m'étant pas trouvé sur les lieux, j'ignore quel en put être le résultat.

Au dernier bombardement, les fusées reparurent; la journée du 26 août (7 septembre) et la nuit qui précéda le dernier assaut furent surtout remarquables par le nombre prodigieux de projectiles tirés contre les batteries et la ville. Cette date du 26 août (7 septembre) reste aussi particulièrement mémorable pour moi : j'étais ce jour-là de service au port de Grafskoï, au principal dépôt de l'artillerie de la marine, pour veiller à la distribution des munitions que réclamaient constamment les batteries, et malgré le tir renforcé dirigé vers ce point, tout se passa d'abord assez heureusement. A cent cinquante pas au plus de cet endroit, dans la partie arrondie du fort Nicolas, se trouvait le magasin à poudre le plus important de Sébastopol; devant son entrée principale était construite une bonnette en pierre d'une grande solidité, blindée par le haut, et dont l'issue était tournée selon une direction qui permettait de la croire à l'abri des projectiles ennemis; le magasin à poudre paraissait donc hors de toute atteinte; mais à six heures du soir, comme je quittais le magasin à poudre pour regagner le port de Grafskoï, après avoir donné les ordres nécessaires pour une distribution de poudre au quatrième bastion, j'entendis tout à coup un sifflement au-dessus de ma tête : je me retourne, et j'aperçois de l'agitation et du désordre autour du magasin à poudre. J'y reviens en toute hâte ; l'incendie y avait déjà éclaté ; une fusée incendiaire, en donnant sous un angle aigu contre le pourtour intérieur du fort Nicolas, avait fait ricochet, était revenue en arrière, et était entrée dans la bonnette, où elle avait enfoncé la porte de la galerie qui servait de sortie au magasin. Le plancher en bois de cette galerie et les tonneaux à poudre vides qui y étaient rangés commencaient à brûler. Le lieu de l'incendie étant séparé de la porte de la casemate qui renfermait la poudre, par toute une portion de galerie que la flamme n'avait pas encore atteinte, le danger n'aurait pas été très imminent si l'entrée de la casemate eût été fermée ; mais au moment où la fusée arrivait, des hommes transportaient précisément dans des caisses, du magasin dans la cour, la poudre destinée au quatrième bastion. Il y avait à choisir entre deux partis, présentant l'un et l'autre les plus grands périls : fermer au plus vite la porte du magasin, mais on laissait alors la poudre déjà sortie auprès de la fusée en ignition ; ou rentrer d'abord la poudre, mais pour cela il fallait que la porte du magasin en fût ouverte. Tout ce qui brûlait autour de la fusée fut d'abord éteint au moyen de l'eau ; mais pour celle-ci l'eau fut inutile ; il y a plus, elle augmentait la fumée à un tel point, qu'on ne voyait plus rien. J'ordonnai d'apporter de la boue ; il y en avait en quantité autour du magasin, où l'on arrosait constamment par mesure de précaution ; ce moyen réussit, sinon à éteindre complétement le feu, du moins à l'étouffer ; la fusée, en effet, recouverte d'une couche épaisse de boue, continua bien à brûler sourdement, mais elle ne jeta plus ni flammes, ni étincelles.

Pendant qu'elle se consumait ainsi, les tonneaux de poudre les plus rapprochés furent rentrés dans le magasin, dont la porte fut fermée ; quelques caisses de poudre durent être cependant transportées par-dessus les flammes. Le magasin contenait environ deux mille pouds de poudre (32,000 kilogrammes) ; l'explosion aurait détruit certainement, non-seulement le magasin, mais encore le fort Nicolas, où était installée l'ambulance, et qui renfermait, en outre, un grand nombre de personnes, parmi lesquelles on comptait plusieurs chefs de la garnison. Sans insister sur ce fait, qui m'écarte du but principal de mon récit, je ne puis cependant m'empêcher d'ajouter que si le danger a été éloigné, nous en sommes redevables au dévoûment et à l'intrépidité des hommes qui se trouvaient alors dans le magasin ; plusieurs d'entre eux, en couvrant la fusée de boue, se brûlaient les mains, et n'y prenaient même pas garde. Je dois surtout signaler l'enseigne Jamnitchenko de l'artillerie de marine, qui fut le premier à porter une partie de la poudre à travers les flammes, et à faire rentrer tranquillement le reste dans le magasin, sans s'inquiéter ni du feu, ni des étincelles.

Il est à remarquer que les fusées dont je viens de signaler les effets désastreux avaient une justesse étonnante. Après un trajet de 1,500 sagènes, avec un vent très fort qui, ce jour-là, soufflait de côté en venant de la mer, les déviations latérales et longitudinales étaient insignifiantes. Une partie de ces fusées était incendiaire, les autres étaient armées de grenades.

En revenant au port Grafskoï, j'y trouvai également plusieurs hommes blessés par une des fusées tirées de la même batterie. Mais ce n'est pas tout ; après ce qui venait de se passer, et dans la crainte de la reproduction du même fait, j'avais suspendu la distribution de la poudre au magasin, et expédié deux barques au côté du Nord, afin d'y faire l'approvisionnement nécessaire à la consommation des batteries. Ces barques étaient revenues chargées, et avaient abordé au quai de Grafskoï ; quelques caisses de poudre étaient même déjà placées sur des chariots pour être conduites au cinquième bastion, quand, à onze heures de la nuit, une fusée de cette batterie française, qui s'était si particulièrement signalée pour nous, tomba sur une barque contenant 180 pouds de poudre. L'explosion fut terrible ; le quai du port de Grafskoï fut littéralement détruit, des canons de 36, déposés sur le quai, furent jetés sur la troisième terrasse, et quelques-uns d'entre eux brisés en trois parties ; des boutons de culasse et des tourillons arrachés de ces canons volèrent sur la place Nicolas. La perte d'hommes causée par cette explosion fut considérable : les barques et plusieurs chaloupes répandues dans la baie portaient des troupes et des ouvriers militaires ; les uns furent tués, d'autres, parmi lesquels le lieutenant de vaisseau prince Kequatoff, furent mis en pièces, et un grand nombre furent blessés plus ou moins grièvement. L'explosion fit écrouler deux corps-de-garde dont les pierres et les débris atteignirent beaucoup de monde. J'étais dans l'un d'eux, et quand je parvins à sortir du milieu des décombres du plafond sous lesquels j'étais enseveli, je vis encore la fusée tombée sur la barque, et qui avait été également rejetée par l'explosion, achever de brûler derrière la colonnade du quai, d'où je conclus que c'était une fusée à chapiteau incendiaire.

Le bombardement reprit le lendemain, dans la matinée, avec plus d'acharnement que la veille ; comme j'étais blessé, je ne pus voir ce qui se passait à Sébastopol ; mais lorsqu'on m'apprit que l'abandon de la ville était décidé, je me traînai sur le toit du fort Nicolas pour jeter un dernier regard sur la malheureuse cité, et dans ce moment même je vis le mât destiné à porter le pavillon, placé au haut du bâtiment de la grue, incendié par une fusée ennemie.

Après qu'on eut passé au côté du Nord, on s'occupa d'élever de nouvelles batteries pour canonner les rues de la ville abandonnée. L'ennemi, ayant alors remarqué de grandes masses de travailleurs, ouvrit le 7 (19) septembre, à deux heures de l'après-midi, un feu de mortiers, et recommença en même temps à lancer des fusées. Ses batteries, pour le tir de ces dernières, étaient installées, l'une dans la Karabelnaïa, derrière les ruines de l'église, et l'autre sur notre ancienne batterie n° 8. La première tirait le long du ravin sec et sur l'espace entourant la batterie n° 4, et la seconde contre les hauteurs, entre le fort du Nord et la tour de Volohoff; les fusées n'étaient pas d'un calibre supérieur à trois pouces, avec des baguettes courtes, et elles avaient un tir rasant; la plus grande distance qu'elles atteignaient ne dépassait pas mille sagènes; elles blessèrent plusieurs miliciens dans le ravin sec et auprès du cimetière; le commandant de la tour de Volohoff, le lieutenant de vaisseau Kargaloff, fut aussi blessé par une fusée en surveillant le transport des canons.

Enfin, le 12 (24) septembre, les fusées ont encore mis le feu à deux dépôts de sacs de farine situés auprès de la batterie Michel, et malgré les hommes envoyés pour les disperser, une grande quantité de farine fut consumée. Après avoir duré encore une dizaine de jours, le tir des fusées cessa définitivement.

C'est là tout ce que j'ai vu, ou du moins tout ce que je puis me rappeler; peut-être y a-t-il eu beaucoup d'autres faits que j'ai ignorés et d'autres que j'ai oubliés; mais ce que je rapporte, j'en ai été le témoin, et je ne puis en conséquence me ranger à cette opinion des officiers français, citée dans la notice du général Krijanowsky, publiée dans le cinquième numéro du *Journal de l'artillerie* (1856) que : *Le jeu n'en valait pas la chandelle.*

Quand le magasin de l'artillerie de terre faisait explosion et que plusieurs milliers de bombes et de grenades, estimées alors au poids de l'or, éclataient, le jeu valait un peu plus que la chandelle sans doute, et quand le magasin à poudre faillit sauter et emporter avec lui le fort Nicolas et tous ses habitants, le jeu en aurait bien valu aussi la chandelle. Les Français eux-mêmes ne pouvaient être bons juges dans cette question ; ils lançaient des fusées, mais, pour sûr, ils ignoraient où elles tombaient et l'effet qu'elles produisaient. Je ne prétends pas que les fusées aient causé un désastre général ; loin de là : Sébastopol, en effet, présentait pour leur emploi les conditions les moins avantageuses. D'abord, la ville était entièrement formée de maisons en pierre avec toitures en tuile ; secondement, elle ne contenait pas de matériaux combustibles, à ce point, qu'avant même la moitié du siége, on avait dû enlever dans toutes les maisons, pour les travaux du génie et de l'artillerie, les poutres, les planchers, les plafonds, les portes, enfin tout le bois qu'il fut possible de prendre ; il n'y avait donc rien ou bien peu de chose qui offrît un aliment durable à l'incendie. Les fusées lancées dans le premier temps ne produisirent guère qu'un effet moral ; elles agirent surtout sur l'esprit de toute la partie de la population civile que le siége n'avait pas fait partir, et qui rendait de grands services à la garnison, comme boulangers, bouchers et autres marchands ; la crainte des fusées les chassa à leur tour de la ville. Plus tard, vers la fin du siége, quand les batteries ennemies se rapprochèrent et qu'elles jetèrent sur les nôtres, ainsi que sur la ville, une grêle de bombes, de boulets et de balles, rien ne pouvait plus alors étonner Sébastopol, et l'effet des fusées se perdit dans celui des autres projectiles d'artillerie dont elles formaient le 1/300 environ.

Quant à ce fait, qu'un grand nombre de fusées arrivaient au côté nord sans y faire de mal, et que d'autres, lancées contre le fort du Nord, n'y atteignirent pas, il aurait parfaitement pu se produire avec d'autres projectiles de portée suffisante. En effet, d'une part, les points de la vaste étendue du côté nord, qui formaient le but du tir, étaient trop disséminés pour qu'il pût avoir toute son efficacité, et de l'autre, à la distance de sept verstes où il était placé, le fort du Nord, objet de l'attaque, ne présentait plus qu'un but presque insaisissable. Aussi, je partage à cet égard l'avis du général major Krijanowsky, et je pense que, dans ce cas, l'ennemi n'a pas tiré un bon parti de ses fusées, qui, dirigées sur la ville, y auraient causé bien plus de dommages qu'elles ne pouvaient le faire à la partie déserte et mal peuplée du Nord.

La diversité de calibre et de confection des fusées dépendait probablement du désir de rechercher le plus haut degré de perfection. Aussi peut-on dire, en quelque sorte, que Sébastopol fut la pierre de touche appelée à déterminer quel était le calibre et la construction de nature à donner les meilleurs résultats.

Votre Excellence m'exprime également le désir qu'elle a de savoir quel usage on a fait des fusées de deux pouces qui furent envoyées à Sébastopol, à la veille de la descente. Lorsque l'ennemi se transporta du côté sud, nous nous hâtâmes, dans l'attente d'un assaut, de mettre en batterie autant de pièces d'artillerie que possible, et je proposai alors à feu l'amiral Korniloff de former, avec les fusées expédiées et cinq chevalets, une batterie mobile, afin de renforcer, en cas d'attaque, la partie des retranchements où il y aurait peu de canons. L'amiral accepta cette proposition, et M. le lieutenant Scherbatchoff, qui avait accompagné l'envoi de ces fusées, étant en ce moment détaché à la suite de l'armée aux environs de Bachtchisaraï, je fus chargé du commandement de cette batterie; elle était composée de vingt matelots et de cinq chariots attelés chacun de trois chevaux pris dans le train du régiment d'infanterie de Tauroutine. Mais lorsque les intentions de l'ennemi se furent plus clairement manifestées, et qu'au lieu de l'assaut auquel on s'attendait on vit qu'il se préparait à un siége en règle, il devint évident que les fusées n'auraient plus le même emploi; les hommes de cette batterie furent, en conséquence, dirigés pour le service des pièces, et les fusées furent rendues au dépôt de l'artillerie de Sébastopol. Quand les travaux de l'attaque s'approchèrent du quatrième bastion, en novembre 1854, le prince Menschikoff me donna l'ordre de jeter de ces mêmes fusées du bastion dans les tranchées ennemies; en exécution de cet ordre, je lançai dix fusées d'une embrasure; mais comme l'on ne pouvait prendre de ce bastion le prolongement d'aucune des lignes des tranchées, l'effet de ces fusées fut peu meurtrier, et par suite elles restèrent sans emploi. Au commencement du mois d'août 1855, je proposai au prince Wasilchikoff, à cette époque chef de l'état-major de la garnison de Sébastopol, de renforcer, dans l'éventualité d'un assaut, la défense devant l'angle saillant du bastion n° 3, en établissant des chevalets à fusées dans les fenêtres du troisième étage de la caserne neuve, adjacente à l'hôpital de la marine; ayant obtenu l'autorisation nécessaire, je repris toutes les fusées et les chevalets emmagasinés au dépôt, et je me rendis à la caserne, afin d'essayer l'effet que produiraient les projectiles ainsi lancés de ce troisième étage. Ayant déterminé l'angle de tir à 20°, je m'aperçus que les fusées franchissaient les abatis, et pénétraient dans la tranchée de devant; d'après le succès de cette tentative, je remis fusées et chevalets au commandant de la caserne, le lieutenant Bekleshoff, afin qu'il en continuât le tir. L'arrivée des fusées dans les tranchées gêna, à ce qu'il semble, l'ennemi, car au bout de quelques heures, il ouvrit contre la caserne une canonnade renforcée dont celle-ci eut singulièrement à souffrir. J'ai dit précédemment, qu'à la veille du dernier assaut, je fus blessé, et, par conséquent, j'ignore si on tira parti des fusées pour résister à l'effort des assaillants au côté sud. En tout cas, je ne revis plus nos chevalets au côté nord; probablement ils restèrent dans la caserne et tombèrent aux mains de l'ennemi (1).

A ces détails du lieutenant-colonel Pestich sur l'emploi des fusées de deux pouces dans la défense de Sébastopol, nous croyons devoir ajouter quelques mots empruntés à une note insérée dans le cinquième numéro du *Journal de l'artillerie* de 1857, par le colonel Scherbatchoff, le même qui, comme lieutenant, avait été chargé d'amener les fusées à Sébastopol; il déclare que les fusées et les chevalets qui ne furent pas utilisés pour la formation de la batterie mobile, composée de cinq chariots portant cinq chevalets et un approvisionnement de fusées, dont parle M. le colonel Pestich, furent répartis entre les batteries Alexandre et Constantin. La batterie Alexandre n'employa pas les siennes, mais la batterie Constantin en tira une dizaine contre les bâtiments ennemis dans les circonstances suivantes; le 5 (17) octobre, au bombardement général de Sébastopol, les flottes alliées s'embos-

---

(1) Nous avons eu occasion, cette année même, de retrouver dans une panoplie placée au musée d'artillerie de Paris, deux de nos fusées provenant de Sébastopol. Le regret que nous éprouvions de les y voir a été diminué, si cela est possible, en reconnaissant que ces fusées n'avaient éprouvé aucune altération. L'état de la toile goudronnée recouvrant les orifices du culot, les ligatures pour maintenir cette toile, l'état du joint le long du cartouche et celui des rivets, prouvaient que ces fusées n'avaient été ni tirées, ni déchargées, et que leur composition n'était nullement altérée par l'humidité.

KONSTANTINOFF.

sèrent pour opérer une diversion au feu de la place, et ouvrirent contre la batterie Constantin un feu des mieux nourris; bientôt les pièces de l'étage découvert furent démontées, et dans les autres étages l'explosion de plusieurs caisses de munitions produisit un tel désordre, que le tir des pièces en fut suspendu; dans cette situation critique, le commandant de la batterie, pour suppléer au silence des canons, eut recours aux fusées, et pendant qu'elles occupaient l'ennemi, quelques canons purent être remis en position, et reprendre leur tir. On n'avait évidemment pas espéré atteindre avec des fusées de petit calibre des navires placés à une portée qui défiait presque la plus grosse artillerie; mais elles procurèrent du moins à la batterie l'honneur de n'avoir pas discontinué son feu jusqu'au dernier moment, et peut-être même leur tir ne fut-il pas inutile pour encourager les artilleurs à remettre leurs pièces en batterie, afin de surpasser l'effet des fusées.

Du reste, l'artillerie de fusée est parfaitement disposée à reconnaître la supériorité de l'artillerie ordinaire, toutes les fois que l'on peut y recourir; tout ce qu'elle demande, c'est d'être accueillie sans prévention, ni parti pris, et au moins acceptée dans les occasions où l'emploi du canon est impossible ou inefficace.

NOTES

Note n° 1.

Il nous a paru intéressant de donner ici, comme complément des observations contenues dans notre Mémoire, quelques détails plus circonstanciés sur les fusées russes de deux pouces; nous avons cru devoir y joindre, en outre, quelques considérations sur l'utilité qu'aurait pu présenter, à notre avis, pour la défense, l'emploi des fusées de petit calibre en Crimée, et les raisons qui ont empêché de tirer tout le parti possible de celles qui y ont été expédiées.

La fusée russe de deux pouces, armée d'un obus de deux livres et munie d'une baguette prismatique de six pieds de long, ne pèse pas plus de dix livres. Lancée à douze degrés d'élévation d'un chevalet du poids de douze livres, portant un auget conducteur de sept pouces de long, dans lequel se place la baguette, elle a une portée qui atteint, sur un terrain favorable aux ricochets, jusqu'à 500 sagènes. Les projectiles de ces fusées sont ordinairement réglés pour éclater à la distance de 350 sagènes; mais après l'explosion du projectile, le cartouche et sa baguette n'en continuent pas moins leur course. Dans le tir de plein fouet, au-dessus du terrain, ils arrivent ainsi jusqu'à la distance de 500 sagènes, et constituent, en définitive, les parties les plus meurtrières de ces fusées, en raison des blessures graves que leur forme irrégulière et les éclats de bois de la baguette occasionnent aux hommes et aux chevaux. La portée de ces fusées, mesurée du point de départ au premier point de chute, augmente avec l'angle d'élévation, jusqu'à environ 45°, où elle atteint près de 600 sagènes. Tirées sous des angles de 10 à 14 degrés, à 3 ou 4 pieds au-dessus du niveau des eaux lorsqu'elles sont tranquilles, elles ricochent, et, en rebondissant à plusieurs reprises à leur surface, arrivent jusqu'à la distance de 700 sagènes, lorsque, toutefois, le projectile est réglé de façon à ne pas éclater avant d'avoir parcouru cette portée.

La portée de ces fusées dépasse donc celle de l'artillerie de montagne dont la limite, pour l'obusier russe, est de 300 sagènes, et elle atteint les portées extrêmes de l'artillerie légère de campagne. Toutefois, si ces fusées luttent assez avantageusement, à cet égard, avec cette artillerie, il faut avouer qu'elles lui cèdent considérablement sous le rapport de la justesse, surtout lorsqu'elles sont lancées d'un chevalet dont le poids ne dépasse que faiblement le leur, et qui, dans ces conditions, peut n'être muni que d'un auget directeur extrêmement court. La légèreté des chevalets est considérée comme tellement essentielle au Caucase que l'on y sacrifie en partie la justesse du tir; aussi comme le plus souvent on n'a guères à y atteindre que le but de peu d'étendue qu'offre la réunion de quelques montagnards, on s'attache à ne pas agir à des distances supérieures à 250 sagènes.

Afin d'augmenter, autant que possible, la justesse du tir, on joignit aux fusées de deux pouces envoyées en Crimée, des chevalets d'une stabilité ne laissant rien à désirer; on obtint ce résultat en portant jusqu'à environ quarante-trois livres (ou à peu près dix-sept kilogrammes) le poids des trépieds, qui furent en outre surmontés de tubes conducteurs longs de sept pieds et pesant environ un poud (seize kilogrammes). Avec ces moyens, on doubla pour ainsi dire la précision de tir de ces fusées, comparativement aux résultats qu'on en obtient avec le chevalet des fuséens à cheval du Caucase. On en a eu la preuve dans un tir qui fut exécuté selon les deux systèmes, le 19 juin (1er juillet) 1854, à Saint-Pétersbourg, de l'île d'Élaguine, contre une cible flottante, de 10 sagènes de large et de 10 1/2 pieds de haut, amarrée dans le golfe de Finlande, à 250 sagènes du rivage, pour montrer à M. le lieutenant Scherbatchoff l'effet de ces fusées. Sur 30 fusées tirées de chaque chevalet, neuf, lancées des tubes longs, atteignirent le but, tandis que, sur celles lancées du chevalet des fuséens à cheval, cinq seulement y arrivèrent. Dans ce tir, les fusées, ne contenant pas de charge d'explosion dans les projectiles, comme cela se pratique toujours au tir du polygone, allèrent, en ricochant sur l'eau, jusqu'à 700 sagènes. Ces résultats ont été communiqués, avec le bulletin détaillé du tir, le 20 juin (2 juillet) 1854 (n° 1315), à l'état-major de l'inspecteur de toute l'artillerie, et par un rapport du 3 (15) juillet 1854 (n° 1413) à Son Altesse le prince Menschikoff.

Les chevalets établis pour la Crimée se séparaient facilement en deux parties, le trépied et le tube, et quatre hommes, deux même au besoin pour de petites distances, pouvaient les transporter aisément. On voit que ces chevalets n'étaient pas trop lourds pour l'organisation d'une batterie montée, avec fusées et chevalets placés sur chariots. Du reste, pour les alléger encore, en prévision de l'usage en rase campagne, on y avait joint, outre les tubes et pour remplacer ceux-ci au besoin, des augets longs de dix-huit pouces pesant environ six livres. Avec ces augets disposés pour ne contenir que la baguette de la fusée, le chevalet ne présentait plus qu'un poids d'environ cinquante livres et devenait dès lors d'un transport très facile pour deux hommes. D'ailleurs, si dans ces conditions mêmes, les chevalets avaient été trouvés trop lourds en Crimée, rien n'était plus aisé que d'en établir de plus légers sur les lieux avec quelques planches et un peu de tôle, et certes les moyens de construction ne manquaient pas à Sébastopól. Ce fut, du reste, la pensée de M. le lieutenant Sherbatchoff, mais les circonstances ne lui permirent pas de la réaliser.

Pour expédier de l'établissement de Saint-Pétersbourg les fusées de deux pouces, on les emballe par nombre de trente dans une caisse, le tout formant un poids total d'environ douze pouds (deux cents kilog.); ces caisses ont extérieurement huit pieds de long, et un pied en hauteur et en largeur; elles sont munies d'un couvercle à charnières se fermant à cadenas, et portent à leurs extrémités des espèces de poignées en cordes pour en faciliter le déplacement. L'emballage est combiné de manière à préserver les fusées de toute altération durant le trajet, aussi bien que de l'influence de l'humidité de l'air; et de façon que, quel que soit le nombre de fusées restant en caisse, soit qu'on en retire plus ou moins, chaque fusée conserve sa position fixe, même dans le mouvement du transport, sans qu'on ait besoin de modifier en rien l'emballage. Après le tir des fusées, ces caisses sont abandonnées aux troupes qui en tirent parti à leur gré. Avec ce système d'emballage, il suffit de placer une caisse, telle qu'on l'expédie de l'établissement, sur n'importe quel chariot pour le transformer en un caisson roulant de fusées.

Ces dispositions permettent, non-seulement d'utiliser ces fusées dans la guerre de place, mais aussi dans celle de campagne, pour la défense des positions, et même de former un matériel mobile, soit pour l'adjoindre aux légers détachements gardant les côtes, soit pour s'en servir en rase campagne. Ces divers emplois offrent d'autant moins de difficultés que le transport des fusées est l'essentiel; quant au tir, en cas de stricte nécessité, il peut s'effectuer, même sans chevalet, en plaçant la fusée directement sur le terrain, ainsi que cela s'est pratiqué au siége de Silistri où, sur six cent trente neuf fusées, cinq cents ont été tirées du terrain ou de la crête des parapets de tranchées.

Nous croyons devoir montrer, par un fait très remarquable, la facilité qu'on a de créer un matériel mobile de campagne avec les fusées telles qu'elles sont expédiées de l'établissement. Nous l'empruntons au rapport de l'enseigne Jochansen sur l'usage qu'on a fait des fusées de guerre à la prise d'Achmetchet, rapport imprimé par ordre impérial en 1854, pour servir de guide dans l'emploi raisonné des fusées.

En 1853, lors de l'expédition du comte Pérowsky contre Achmetchet, on apprit que les Koukans s'assemblaient dans le haut du fleuve Sirdaria pour venir au secours des assiégés; le comte Pérowsky ordonna en conséquence à un détachement d'aller à leur rencontre; ce détachement était formé de cinq cents Cosaques, de deux canons d'artillerie cosaque à cheval (canons de 6 et licorne de 1/4 poud), et d'une section de fuséens dont le personnel se composait simplement d'un sous-officier, de deux soldats et du matériel, consistant en soixante fusées de deux pouces renfermées dans deux caisses. Pour en effectuer le transport, on fixa directement ces caisses, au moyen de cordes, sur deux essieux supportés par des roues, et l'on établit ainsi un charriot de munition à quatre roues, dont les deux essieux n'étaient réunis que par les caisses mêmes qu'ils supportaient; je ne sais quel était le mode d'attelage de cet équipage d'un nouveau genre; sans doute, il ne devait pas être beaucoup plus compliqué que la voiture même, et probablement quelques cordes et quelques bâtons en faisaient tous les frais. Bien que le tournant de cet équipage ne pût être bien grand, sa mobilité l'emporta cependant sur celle des pièces d'artillerie, et, après un trajet de quinze verstes, tandis que celles-ci devaient abandonner la partie et rétrograder par suite des difficultés du terrain, les fusées continuaient à suivre le détachement dans toute son expédition. Il pénétra jusqu'au fort de Djoulek à cent vingt verstes d'Achmetchet, et n'ayant rencontré l'ennemi nulle part, il revint au bout de cinq jours rejoindre les troupes occupées au siége, n'ayant pas fait en moyenne moins de quarante-huit verstes par jour ; les fusées furent ramenées et firent partie de celles qu'on tira soit pour s'emparer du fort, soit pour sa défense, quand plus tard les Russes, l'ayant occupé sous le nom de fort Pérowsky, durent à leur tour y soutenir une attaque, ainsi que nous l'avons indiqué dans le cours de notre mémoire.

Nous pensons donc, en nous fondant sur l'ensemble des faits, qu'on pouvait obtenir des fusées envoyées en Crimée un meilleur service que celui qu'on en a tiré. Ces fusées étaient arrivées même assez à temps, il nous semble, pour être employées à la bataille de l'Alma, soit comme artillerie de réserve, pour être lancées en masse au moment opportun, soit pour renforcer la défense des positions ou celle des ouvrages qui avaient été érigés. Dans ce dernier cas, les fusées de petit calibre auraient fourni un auxiliaire puissant pour renforcer la fusillade qu'elles n'auraient gênée en rien, en les tirant à travers des tubes en planches, logés préalablement dans le parapet et venant aboutir à l'appareil de la banquette.

Et maintenant supposons plus, supposons un approvisionnement considérable de fusées de campagne, desservi par un corps nombreux de raquetiers, formé de batteries montées d'après le système autrichien, de quel secours ne nous aurait-il pas été pour la défense de la position, et surtout des passages de l'Alma.

Ces passages étaient au nombre de quatre :

Premièrement, la route même de Sébastopol, qui traverse le village de Bourlouck, franchit l'Alma sur un pont de pierres et arrive sur les plateaux opposés, après s'être développée sur les flancs du vallon qui avoisine dans cet endroit le côté gauche de la rivière ;

Secondement, le passage situé à un verste en aval du pont de pierre, et qui aboutit à un gué encaissé, en débouchant en face de pentes raides et ravinées ;

Le troisième, après être passé par le village Almatamac et avoir franchi le cours d'eau, s'élève immédiatement sur le plateau supérieur des bords escarpés de la rivière, en suivant, pour y arriver, une corniche tellement raide qu'elle paraissait impraticable aux troupes ; malheureusement pour nous, elle ne l'a pas été pour la brigade d'Autemarre de la division Bosquet.

Enfin près de l'embouchure de l'Alma, se trouve une barre de sable que le général Bosquet sut utiliser pour le passage de la brigade Bouat et des Turcs qui étaient sous ses ordres.

Pour défendre tous ces passages, une nuée de fuséens dissimulés avec leurs chevalets, derrière les plis du terrain et les obstacles qui s'y rencontraient, et mêlés aux tirailleurs que l'on y avait déjà répandus, aurait fait merveille. Quand les passages furent forcés à notre gauche, et que le mouvement du général Bosquet eut fait comprendre le sort qui menaçait cette aile de notre armée, une nombreuse artillerie de fuséens, amenée de la réserve sur ce point, aurait peut-être pu maintenir la position, empêcher la division Bosquet de couronner les hauteurs et rétablir ainsi les chances du combat.

Mais pour arriver à une semblable application des fusées, il faudrait les accueillir avec la considération qu'elles obtiennent en Autriche, leur accorder, sinon sous le rapport du nombre, du moins sous celui du développement rationnel, l'importance qu'elles ont dans ce pays, enfin les admettre dans les rangs de notre armée, sur le pied de l'égalité avec les autres corps spéciaux.

Pour ceux qui voudraient contester les assertions que nous nous sommes permis de présenter ici sur l'utilité qu'auraient pu offrir les fusées à la bataille de l'Alma, nous croyons devoir citer l'opinion émise par le comité d'artillerie russe sur les fusées autrichiennes, dans le compte-rendu des travaux de la fabrique de fusées de Saint-Pétersbourg, pour l'année 1853, imprimé par ordre impérial en 1854. On y lit, page 53 : « Les fusées autrichiennes de jet ont une plus grande « justesse de tir que nos licornes, et même que les obusiers courts au- « trichiens, et, bien que le tir des fusées autrichiennes de plein fouet « le cède en précision et en portée au tir des boulets et des obus lancés « par les canons, ces défauts se rachètent, dans beaucoup d'occasions « qui se rencontrent à la guerre, par d'autres avantages inhérents aux « fusées. » Sans les signaler tous, nous devons faire particulièrement observer que la célérité de tir des fusées d'un chevalet est au moins double de celle du canon; que les chevalets, par leurs moindres dimensions et l'absence de recul, exigent infiniment moins de place que les canons, et se mettent en outre bien plus aisément en batterie que ceux-ci sur toute espèce de terrain ; il résulte de ces conditions spéciales aux fusées, des facilités bien plus grandes pour accumuler les feux sur un même point, et pour réaliser ainsi, à un moment donné, l'emploi de l'artillerie en masse, ce secret de Napoléon Ier pour décider du gain des batailles.

On doit aussi remarquer que les nouvelles armes de précision de l'infanterie sont bien moins dangereuses pour les batteries de fusées que pour l'artillerie de campagne. Les batteries de fusées ont d'abord sur l'artillerie de campagne l'avantage de présenter un but de moindre dimension, d'exposer bien moins d'hommes et de chevaux aux coups de l'ennemi; enfin n'ayant besoin, pour manœuvrer sous le feu de l'ennemi, ni d'affûts, ni d'avant-trains, ni de chevaux, les fuséens peuvent s'abriter avec bien plus de facilité sur le terrain contre l'atteinte des projectiles de toute nature, et surtout contre les balles des armes portatives.

Pour faire apprécier l'importance du rôle que les fusées auraient pu remplir à la bataille de l'Alma, nous avons choisi, comme type d'organisation, les raquetiers autrichiens, non-seulement à cause du développement de cette arme en Autriche, mais aussi en raison du calibre auquel on s'est limité dans ce pays pour l'emploi des fusées en campagne. Ce sont principalement des fusées de petit calibre, dont les portées ne dépassent pas celles de l'artillerie de campagne, et parmi lesquelles prédominent les fusées de deux pouces, les fusées de deux pouces et demi ne formant, environ, que le huitième de l'approvisionnement des batteries. Il nous semble que c'est là le choix le plus rationnel, car les fusées à longues portées ne peuvent figurer qu'accidentellement en bataille rangée. En effet, le tir de ces fusées contre des troupes éloignées n'aurait aucune chance de succès, et pour les petites distances, sans donner, comparativement aux fusées de petit calibre, un effet meurtrier proportionné à leur dimension, elles ont le grave inconvénient d'un transport et d'un maniement infiniment plus embarrassants, ce qui annule en partie les avantages qu'on recherche dans l'emploi des fusées sur le champ de bataille. Aussi l'application des fusées de grand calibre, à grande portée, doit-elle être limitée, autant que possible, aux bombardements des villes, contre lesquelles elles forment une arme d'autant plus terrible qu'elles peuvent accomplir leur œuvre de destruction de terre ou de mer avec impunité, l'éloignement les rendant inaccessibles à toute espèce d'armes.

Après avoir essayé d'indiquer, ainsi que nous venons de le faire, le parti qu'on aurait pu tirer des fusées à la bataille de l'Alma, nous dirons qu'il ne nous semble pas qu'on ait employé aussi utilement que cela était possible les fusées envoyées à Sébastopol même. Ainsi, on aurait pu, sans aucun doute, en faire également usage pour les sorties et pour résister aux assauts. Du reste, l'envoi des fusées en Crimée a été si peu considérable, qu'employées même avec toute l'intelligence désirable, elles n'auraient donné qu'un résultat insignifiant pour la marche générale des opérations militaires; c'est tout au plus si elles auraient fourni quelques faits de plus en faveur de leur emploi.

Pour s'expliquer complétement le peu d'application qu'on a fait en Crimée même de ce petit nombre de fusées, on ne doit pas oublier que M. le lieutenant de l'artillerie à cheval Scherbatchoff, initié de la veille seulement au service des fusées, ne pouvait avoir l'autorité suffisante pour plaider la cause de cette arme. Arrivé, en outre, sur le théâtre de la guerre avec quelques artilleurs seulement, à peine formés eux-mêmes au maniement des fusées, il lui devint impossible, au début et au milieu des difficultés d'une lutte terrible, d'en organiser le service; aussi, en désespoir de cause, il crut qu'il ne lui restait plus qu'à payer de sa personne, et sur ses sollicitations pour obtenir au moins une destination quelconque dans le corps des troupes mobilisées, il fut mis à la disposition du chef de l'artillerie de ce corps, le général-major Kischinsky. Il a pris part, dans cette situation, à la bataille de l'Alma, ou son cheval, ayant été tué sous lui, lui abîma le pied en s'abattant. M. le lieutenant Scherbatchoff n'en demeura pas moins à la suite du général Kischinsky du 4 (16) septembre au 26 septembre (8 octobre), et c'est ainsi qu'il ne put prendre part à l'organisation de la batterie mobile de fuséens formée à Sébastopol, sur l'ordre de l'amiral Korniloff, conformément à la proposition du lieutenant-colonel Pestich, alors capitaine en second, avec le matériel qu'y avait apporté M. Scherbatchoff.

Revenu à Sébastopol avec le corps des troupes mobilisées, M. Scherbatchoff s'empressa de rentrer dans le service des fusées. En novembre, quand les travaux de l'attaque se rapprochèrent du quatrième bastion, le prince Menschikoff désira utiliser les fusées contre les tranchées. M. Scherbatchoff, en se rendant à nos batteries pour y faire une reconnaissance en vue de cette application, et afin de trouver des positions convenables pour l'installation des chevalets, reçut à la tête, par un éclat d'obus, une contusion qui l'empêcha de continuer son service, et qui, en l'éloignant de l'arme qui lui avait été confiée, la laissa ainsi dépourvue de toute direction immédiate.

Ce que nous avons dit des causes qui ne permirent pas d'utiliser le petit nombre de fusées envoyées en Crimée, démontre, une fois de plus, l'urgence de former, pour le service des fusées, un corps spécial bien organisé dans tous ses détails, tant sous le rapport du personnel, que sous celui du matériel, ayant une entière confiance dans son arme et instruit à toutes les ressources qu'elle peut offrir. Ajoutons qu'il serait, selon nous, indispensable que ce corps restât complétement indépendant de l'artillerie et de tout autre corps de troupe que ce soit, pour composer un service distinct, soumis à un commandement supérieur direct, dans la même mesure que chacun des autres corps spéciaux. A l'appui de l'opinion que nous exprimons ici, nous rappellerons qu'en Autriche, lors des guerres d'Italie et de Hongrie, les chefs de l'artillerie, m'a-t-on dit, quand ils ont eu accidentellement à diriger l'emploi des fusées, ont été généralement les moins experts dans leur maniement sur le champ de bataille. Quelquefois ils ont été jusqu'à ne faire aucune distinction entre elles et les canons, les plaçant les unes et les autres dans les mêmes conditions, pour concourir au même but, et confondant ainsi, au détriment des fusées, les propriétés balistiques et tactiques des deux armes.

Note n° 2.

En disant que dans les armées européennes, les batteries de fuséens peuvent être à pied, montées ou à cheval, selon les circonstances, nous voulons exprimer par là, qu'elles doivent être organisées diversement selon le but des opérations et la nature du terrain. Ainsi, pour les pays de montagnes, nous pensons que les batteries à pied munies d'un matériel analogue à celui de l'artillerie de montagne, porté à bâts par des chevaux, ou mieux encore par des mulets, est ce qu'il y aurait de plus avantageux, et nous ne comprenons véritablement pas le désir du général Krijanowsky, d'avoir des batteries de fuséens à cheval pour opérer dans les montagnes.

Sans nier les avantages que peuvent offrir les fuséens à cheval, il nous semble que l'organisation la plus rationnelle de l'artillerie des fusées de campagne serait celle de batteries montées, avec caissons en *wurst* pouvant porter le personnel, les chevalets, les accessoires de tir et les sacs des hommes. Cette disposition permettrait, en dehors de l'atteinte du feu de l'ennemi, de manœuvrer les batteries de fusées avec rapidité. Les *wurst* contenant l'approvisionnement de combat devraient rester à couvert des projectiles ennemis, soit en profitant des abris que présenterait le terrain, soit en se tenant à une distance suffisante ; ils serviraient ainsi de dépôts de fusées au personnel qui, avec les chevalets facilement transportables à bras, occuperait les positions en se garantissant autant que possible par le relief du terrain, et formerait la chaîne pour s'approvisionner de fusées. Outre l'approvisionnement contenu dans les *wusrt*, il serait encore nécessaire d'avoir en réserve un certain nombre de fusées dans des chariots de munitions, attachés à chaque batterie. Telle est, du moins, l'organisation des batteries de fusées de campagne en Autriche.

Malgré notre préférence pour les fuséens à pied dans les montagnes et les batteries de fusées montées pour les pays de plaines, nous ne pouvons taire que ce sont les fuséens à cheval munis de fusées de deux pouces, qui, au Caucase, ont rendu jusqu'à présent les meilleurs services, et ce sont eux que l'on y considère généralement comme les plus utiles : ainsi qu'on le voit, c'est surtout comme artillerie à cheval extrêmement mobile, qu'on comprend l'emploi des fusées au Caucase. Dans ce système, chaque chevalet est desservi par plusieurs hommes à cheval dont quelques-uns sont exclusivement affectés au transport des fusées qu'ils portent par deux, suspendues de chaque côté, au pommeau de la selle, dans des espèces de fontes en cuir, les baguettes se croisant en l'air au-dessus du pommeau. Ces batteries sont, en outre, suivies quelquefois d'un approvisionnement de fusées portées à dos de cheval, dans de petits caissons qui n'en contiennent que six. On accroche un de ces caissons de chaque côté du bât et les baguettes dévissées des fusées sont attachées horizontalement au-dessus des caissons dans des étuis en cuir, de chaque côté du cheval.

La préférence accordée, au Caucase, pour l'organisation des fuséens, aux batteries de fuséens à cheval, dépend peut-être du personnel attaché jusqu'ici à ces batteries. Ce personnel, exclusivement composé de Cosaques, qui, officiers et soldats, ont une aptitude exceptionnelle pour profiter des mouvements du terrain, et possèdent au plus haut degré l'entente pour ainsi dire innée de la petite guerre, a sans aucun doute contribué à rehausser par sa valeur propre le mérite du système, et lui a fait ainsi obtenir la préférence.

FIN

PARIS. — Typographie et Lithographie LACOUR, rue Soufflot, 18.

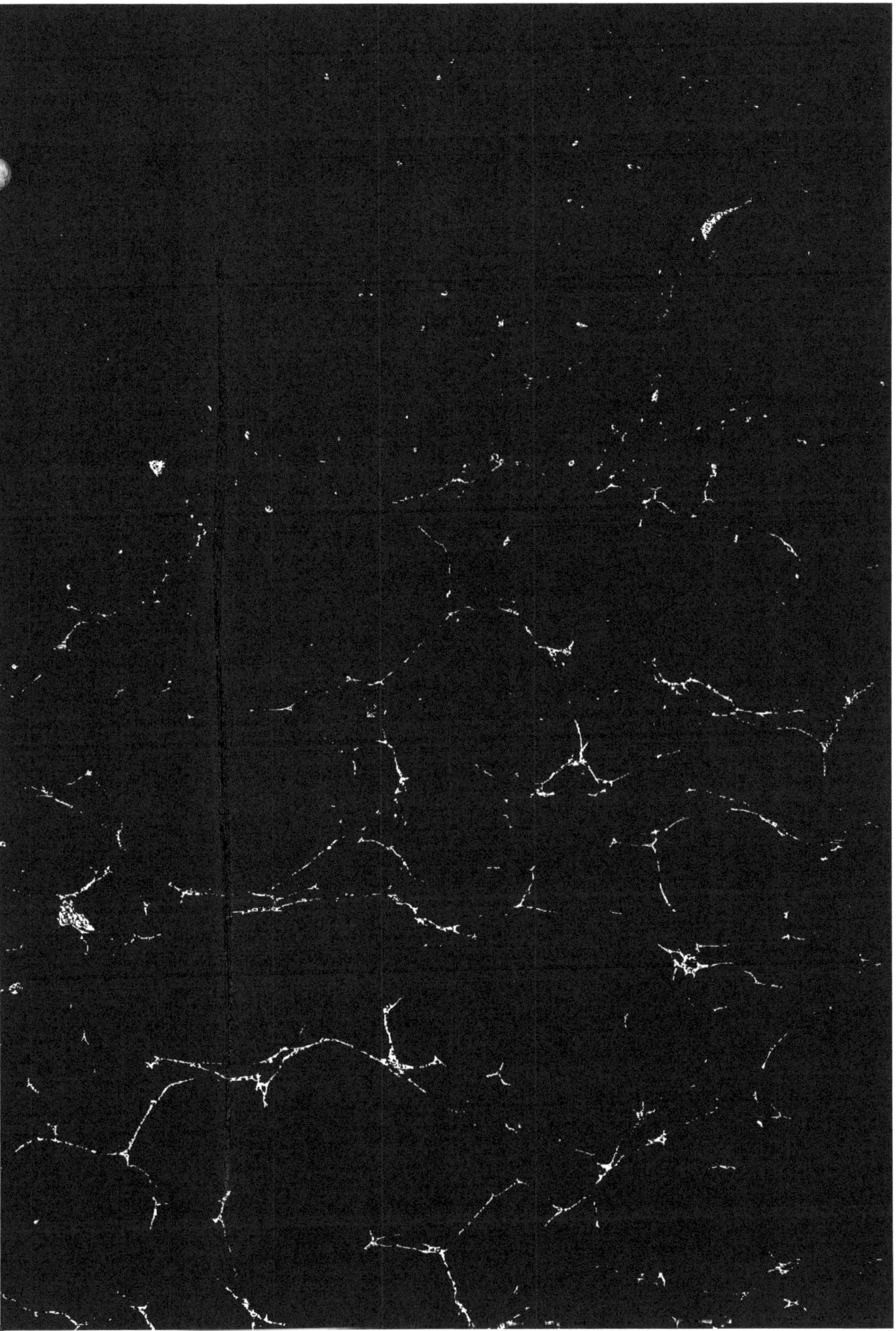

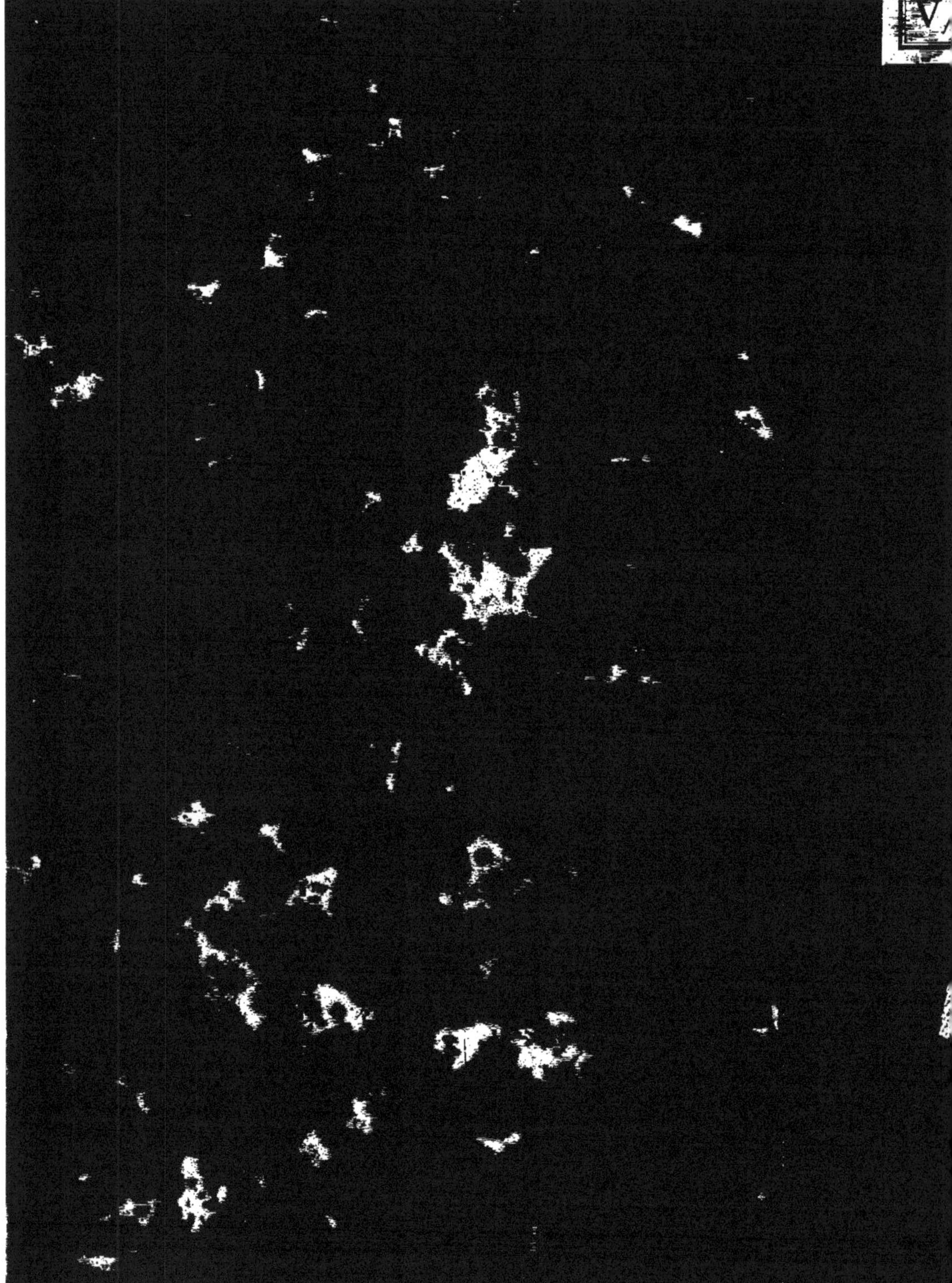

www.ingramcontent.com/pod-product-compliance
Ingram Content Group UK Ltd.
Pitfield, Milton Keynes, MK11 3LW, UK
UKHW021619260726
13965UKWH00007B/1122